Norbert Röttgen
Nie wieder hilflos!

Norbert Röttgen

NIE WIEDER HILFLOS!

Ein Manifest
in Zeiten des Krieges

dtv

MIX
Papier | Fördert gute Waldnutzung
FSC® C083411
www.fsc.org

2. Auflage 2022

Umschlaggestaltung: Ruth Botzenhardt | buxdesign, München
Umschlagmotiv: TOBIAS SCHWARZ/Kontributor/Getty Images
Satz: Fotosatz Amann, Memmingen
Gesetzt aus der DTL Documenta TOT
Druck und Bindung: CPI books GmbH, Leck
Printed in Germany · ISBN 978-3-423-26204-0

INHALT

I.
HILFLOS

Das noch vor Kurzem Unvorstellbare ist geschehen: Der Krieg ist zurückgekehrt nach Europa. Die längste Friedensepoche, die dieser Kontinent je gesehen hat, ist zu Ende gegangen. Seit dem Ende des Zweiten Weltkrieges, seit über 75 Jahren, hat es den Krieg nicht gegeben, wie wir ihn jetzt als Überfall Russlands auf die Ukraine und als Angriffskrieg Putins gegen die Ukrainer erleben.

Natürlich war nicht nur Frieden in dieser Zeit, auch nicht in Europa, und es hat kriegerische Akte gegeben. Die Intervention Russlands in der Ost-Ukraine 2014, die seither anhält, war unzweifelhaft eine grobe Verletzung des Völkerrechts, eine schwerwiegende Verletzung der Souveränität und der Integrität der Ukraine und ein kriegerischer Akt. Die Annexion der Krim durch Russland im gleichen Jahr war ebenfalls ein völkerrechtswidriger Gewaltakt. Seit dem Georgienkrieg 2008 hält Russland erhebliche Teile von Georgien, die Regionen Abchasien und Südossetien, mit Truppen besetzt. In den 1990er-Jahren gab es die Kriege auf dem Gebiet des ehemaligen Jugoslawien.

Aber alle diese Kriege und schwerwiegenden Gewaltakte waren anders als das, was wir jetzt erleben. Die menschlichen Opfer, das Leid und die Zerstörungen und Verwüstungen waren enorm, die Wunden sind zum Teil bis heute nicht verheilt. Politisch gesehen waren diese

Kriege jedoch regional begrenzt und zielten nicht darauf ab, die politische Ordnung und die Sicherheitsarchitektur Europas zu verändern. Genau das ist in der Ukraine 2022 anders. Wladimir Putin führt Krieg, wie Großmächte im 19. Jahrhundert Kriege führten. Die Souveränität anderer Staaten, ihr Recht auf territoriale Integrität, ja das Völkerrecht als maßgebliche Autorität zur Regelung der Beziehungen zwischen Staaten bis hin zu dem Wunsch und dem Recht eines Volkes, als Nation zu leben – alles das sind Errungenschaften, die durch die bittersten Erfahrungen von zwei Weltkriegen gewonnen wurden. Für Wladimir Putin mit seinem imperialen Machtanspruch und völkischen Nationalismus existieren sie nicht.

Putin hat die Ukraine überfallen, aber er greift neben diesem Land auch ganz fundamental die Friedensordnung an, die in Europa nach dem Ende des Kalten Krieges begründet wurde. Sie galt uns als historische Lehre aus der blutigen ersten Hälfte des 20. Jahrhunderts, den beiden Weltkriegen, den Millionen von Toten als Folge von Nationalismus, völkischem Überlegenheitswahn und Militarismus.

Diese Zäsur, diese Wende in der Geschichte Europas, kam für die meisten völlig überraschend. Warum aber war für uns unvorstellbar, was Putin nicht nur schon lange geplant, sondern worüber er gesprochen und was er auch schon punktuell etwa mit der Annexion der Krim sowie dem militärischen Eindringen in die Ost-Ukraine praktiziert hat?

Bereits 2008 hat Wladimir Putin dem amerikanischen Präsidenten George W. Bush gegenüber erklärt, dass die

Ukraine weder ein Staat noch eine Nation sei. In einem inzwischen berüchtigten Essay aus dem Jahr 2021 hat er ausführlich seine Idee eines großen völkischen Verbunds von Russen, Kleinrussen, womit er die Ukrainer meint, und Belarussen dargelegt. Dass die Wiedervereinigung dieses zusammengehörenden Volkes das programmatische Ziel seiner Außenpolitik sein würde, konnte nach dieser Darstellung eigentlich niemand mehr anzweifeln. Dennoch wurde weiter beschwichtigt, als Putin im November 2021, zum zweiten Mal innerhalb eines Jahres, damit begann, massiv Truppen an der ukrainischen Grenze zusammenzuziehen. Die Invasion der Ukraine durch Russland schien selbst dann den meisten noch immer unvorstellbar, als Anfang 2022 im Norden, Osten und Süden der Ukraine 180 000 russische Soldaten als invasionsfähige Armee aufgestellt waren.

Ein europäischer Regierungschef nach dem anderen nahm am Ende des absurd langen Tisches im Kreml Platz, und alle versuchten, mit guten Worten den russischen Präsidenten von einem Krieg gegen die Ukraine abzuhalten. Mehr als gute Worte hatte jedoch keiner anzubieten.

Wir Europäer haben, im Gegensatz zu Wladimir Putin, aus dem Ende des Kalten Krieges und aus der damit einhergehenden europäischen Friedensordnung den Schluss gezogen, dass es auf militärische Mittel, die Fähigkeit, das eigene Land und das Bündnis in Europa zu verteidigen, nicht mehr entscheidend ankomme. Wir waren der Auffassung, dass das Wichtigste – Frieden und Freiheit – in Europa garantiert sei. Zur Abschreckung Wladimir Putins fehlten uns dann allerdings der Wille, zu begreifen, dass unsere Sicht auf die Welt nicht seine ist, und schließlich schlicht die Mittel.

In seiner Kriegsrede, gehalten kurz vor Beginn des Überfalls, legte Putin seine Ziele präzise dar. Und trotzdem wollten und konnten in Europas Hauptstädten zu viele noch immer nicht glauben, dass er in wenigen Stunden damit beginnen würde, diese Rede in die Tat umzusetzen. Insgeheim hegte man die Hoffnung, dass Russland sich »nur« die Donbass-Regionen Lugansk und Donezk einverleiben würde. Die Ukraine hätte zwar einen massiven Schaden zu tragen, aber die Auswirkungen für Europa wären nicht allzu groß. Es war möglicherweise auch diese Form von Appeasement, der Politik ständigen Nachgebens gegenüber dem Aggressor, die in Putin die Überzeugung genährt hat, dass die Reaktion des Westens auf seinen Einmarsch verkraftbar ausfallen würde.

Diese Hilflosigkeit der Europäer bringt die Vereinigten Staaten von Amerika zurück in die Rolle, die sie im 20. Jahrhundert als die entscheidende europäische Sicherheitsmacht ausgefüllt haben. Wir haben Glück. Denn bis Anfang 2021 residierte Donald Trump im Weißen Haus. Man stelle sich nur für einen Augenblick vor, dass im November 2020 nicht Joe Biden, sondern erneut Donald Trump zum amerikanischen Präsidenten gewählt worden wäre. Auch dessen Wahl im November 2016 hat uns Europäer unvorbereitet getroffen. Sie galt als ausgeschlossen. Experten haben uns im amerikanischen Wahlkampf 2016 dargelegt, dass die Wahl von Donald Trump einen Bruch innerhalb der USA und auch mit der bisherigen amerikanischen Außenpolitik bedeuten würde. Aber die gute

Nachricht sei, dass es schon aus demographischen Gründen, nämlich den zahlenmäßig immer stärker werdenden Latinos und Schwarzen, ausgeschlossen sei, dass Trump gewählt werde.

Danach haben wir Europäer vier Jahre lang erlebt, dass die Vereinigten Staaten sich gesellschaftlich verändern, im Inneren von Hass zerrissen und politisch tief gespalten sind. Und wir haben erlebt, was die Politik des »America first« für Deutschland, Europa und die Welt bedeutet. Welche Schlüsse haben wir aus der Erfahrung gezogen, dass wir uns nicht mehr, wie 70 Jahre lang, außenpolitisch auf die Schutzmacht USA verlassen können? Was würde eine Wiederwahl Donald Trumps im Jahre 2024, die nicht auszuschließen ist, für uns bedeuten – und haben wir begonnen, uns darauf strategisch vorzubereiten?

Diese geopolitischen Umwälzungen finden statt, nachdem uns seit dem Frühjahr 2020 die Corona-Pandemie in den Griff genommen und unser Leben, unsere Gesellschaft und unsere Wirtschaft grundlegend verändert hat. Auch die Pandemie bezieht ihre Dramatik aus einer globalisierten Welt, in der sich Menschen täglich über Grenzen und Kontinente hinweg bewegen. Dass eine globale Infektionskrankheit zu den realen Gefahren gezählt werden muss, war den Experten bekannt, und diese Einschätzung wurde auch den Regierungen unmissverständlich mitgeteilt. Dennoch hat uns in Deutschland, in Europa, im gesamten Westen diese Pandemie unvorbereitet getroffen.

Erst nach und nach wurde ein Verständnis dieser Krankheit, ihrer Wirkungen und des Vorgehens gegen sie entwickelt. Erst als Covid sich ausgebreitet hatte und damit der Schaden für Gesundheit, Gesellschaft und Wirtschaft eingetreten war, begannen wir, mit der Katastrophe umzugehen. Der Vertrauensgewinn in die Politik während der ersten Welle war enorm, als die Bundesregierung die notwendigen Maßnahmen und damit verbundenen Einschränkungen für unseren Alltag den Bürgerinnen und Bürgern offen und ehrlich kommunizierte. Leider hatte dieser Politikstil keinen Bestand, und Deutschland fiel zurück in einen reagierenden und dem Krankheitsverlauf hinterherhechelnden Modus. Das ist umso erstaunlicher, als zu jedem Zeitpunkt der Pandemie eine große Mehrheit der Bevölkerung hinter den Maßnahmen stand und diese mittrug.

Die Pandemie wiederum löste eine Krise ab, die im Jahre 2015 in Syrien begonnen hat, sich in der Folge auf die umliegende Region von Afghanistan bis ins nördliche Afrika ausdehnte, die als Flüchtlingskrise die Gesellschaften und die innenpolitische Verfassung in Europa erschütterte und als solche in das kollektive Gedächtnis der Menschen eingetreten ist. Auch diese war eine Krise mit Ansage, die uns jedoch erneut unvorbereitet getroffen hat. Denn Konflikte und Kriege und die Perspektivlosigkeit vieler Menschen im Nahen Osten waren ebenso bekannt wie die überfüllten Flüchtlingslager in Jordanien, im Libanon und in anderen Ländern. Diese Staaten wandten sich an die Vereinten Nationen und ihre humanitären Organisationen und baten die wohlhabenden Länder um mehr finanzielle Hilfe zur Versorgung der Flüchtlinge.

Doch die reichen Länder ignorierten, dass Krieg und Perspektivlosigkeit eine Fluchtbewegung auslösen und diese auch sie erreichen könnte, wenn die Lage nur schrecklich und aussichtslos genug würde. Die Reaktion vieler wohlhabender Staaten auf den Hilferuf bestand darin, die Mittel nicht nur nicht zu erhöhen, sondern sie im Gegenteil zu kürzen oder sogar einzustellen. Das, was wir die »Flüchtlingskrise« nennen, nahm seinen Lauf. Erneut erwiesen sich die europäischen Gesellschaften als unvorbereitet, angefangen bei Fragen der Grenzsicherung, der zwischenstaatlichen Kooperation, bis hin zu der Verteilung und der Versorgung der Flüchtlinge vor Ort.

Migration als ein Phänomen der Globalisierung wird bleiben. Sie wird vor allen Dingen dort immer eine gesellschaftliche Herausforderung sein, wo geographisch Arm und Reich nah beieinanderliegen. Wir in Europa, dem Paradies in den Augen der Flüchtenden, sind nur durch das schmale Mittelmeer von Staaten und Regionen getrennt, in denen gewaltsam Konflikte ausgetragen werden und in denen menschenfeindliche Strukturen und wirtschaftliche Perspektivlosigkeit herrschen. Flucht und Migration sind also nichts, was wir als eine Erfahrung aus den Jahren 2015 bis 2019 einordnen und abhaken können. Schneller als gedacht, ist das Thema mit dem Überfall Russlands auf die Ukraine wieder da. Der russische Angriffskrieg hat in Europa so viele Menschen in die Flucht gezwungen wie seit dem Zweiten Weltkrieg nicht mehr.

Flucht und Migration sind eine der großen Herausforderungen unserer Zeit, nicht zuletzt ausgelöst vom Klimawandel, der globalen Menschheitsaufgabe der Gegenwart. Verglichen mit den anderen disruptiven Krisen unserer Zeit, denen wir zumindest anfänglich hilflos gegenüberstanden wie dem Krieg, der Pandemie und den Migrationsschüben, gleicht der Klimawandel einer sich allmählich vorwärtsschiebenden Lavazunge. Er wird uns in seiner Unerbittlichkeit und Unumkehrbarkeit dafür aber umso dramatischer treffen. Wenn man sich vergegenwärtigt, wie schwer wir uns selbst mit den Krisen tun, die uns in ihren Folgen zeitlich und physisch unmittelbar gegenübertreten, so wird erklärbar, aber kein bisschen entschuldbar, wie schwer wir uns damit tun, aktiv, ausdauernd und konsequent Klimapolitik zu betreiben.

Obwohl seit Jahrzehnten erkannt und beschrieben, hat der durch den Menschen verursachte Klimawandel nicht aufgehört fortzuschreiten – und er nimmt sogar immer weiter zu. Mit anderen Worten: Trotz aller Weltklimakonferenzen, trotz aller nationalen Anstrengungen und Erfolge, klimaverträglicher zu wirtschaften und zu leben, steigen global die klimaschädlichen Emissionen unaufhörlich an. China, das heute mit einem Anteil von nahezu 30 Prozent der größte einzelne Verursacher der weltweiten CO_2-Emissionen ist, verkündet offensiv und stolz das Ziel seiner Klimapolitik, im Jahr 2030 den Höhepunkt der nationalen Emissionen überschritten zu haben. Umgekehrt heißt das aber, dass China noch bis zum Jahr 2030 immer mehr CO_2 emittieren wird. Wir alle, die Menschheit heute und zukünftige Generationen, können uns das nicht leisten.

Damit bin ich bei dem letzten Beispiel angelangt, mit dem ich illustrieren möchte, wie sehr und umfassend wir Deutschen, wir Europäer und der gesamte Westen mit Herausforderungen konfrontiert sind, für die wir noch nicht gewappnet sind und denen wir hilflos gegenüberstehen, wenn wir nicht damit beginnen umzusteuern. China ist die größte Herausforderung, die heute von einem einzigen Land ausgeht. Denn China hat den Willen und die Fähigkeiten, die internationale Ordnung und damit die Welt, in der wir leben, fundamental zu verändern. China ist die zweitgrößte Volkswirtschaft, und es ist lediglich eine Frage der Zeit, bis die Chinesen zur größten werden. China hat in einigen zentralen Bereichen eine technologische Spitzenstellung eingenommen.

Vor allem aber hat China unter Xi Jinping den Willen entwickelt, die internationale Ordnung, wie sie sich in den Institutionen und den grundlegenden Verträgen der Vereinten Nationen nach dem Zweiten Weltkrieg ergeben hat, zu ändern. China besteht darauf, dass chinesische Interessen, die selbstverständlich nur von China definiert werden können, generell maßgeblich berücksichtigt werden. Es akzeptiert es nicht, dass mit völkerrechtlichen Argumenten, die nach chinesischer Ansicht allein westliche Wertvorstellungen repräsentieren, wie zum Beispiel den Menschenrechten, in das, was als innerchinesische Angelegenheiten definiert wird, eingegriffen wird.

Die Idee des Rechts auch in den internationalen Beziehungen, so sehr immer wieder auch von den Staaten des Westens verletzt, aber doch prinzipiell als das Kernprinzip anerkannt, wird von China als ein genuin westlicher Machtanspruch abgelehnt. Diese Sicht auf die internationale Ordnung, verbunden mit der schieren Größe des Landes, seiner ökonomischen Bedeutung, seinen technologischen Fähigkeiten und dem inzwischen geschaffenen Netz internationaler Beziehungen und Abhängigkeiten, machen China zu der definierenden Herausforderung des Westens, auf die wir noch immer nicht vorbereitet sind.

Deutschland, Europa und der Westen stehen in einer Welt, die so vernetzt und verwoben ist wie nie zuvor und gleichzeitig so vielfältige und komplexe Gefährdungspotenziale aufgebaut hat wie in ihrer gesamten Geschichte nicht, den existenziellen Gefahren und unseren Gefährdern erschreckend unvorbereitet und hilflos gegenüber. Das macht uns nicht nur schwach in der Abwehr von Gefahren und in der Lösung schwierigster Probleme, sondern es untergräbt gleichzeitig die Stabilität der Gesellschafts- und Staatsform, in der wir leben: unserer Demokratie. Die autoritären Staaten, allen voran China, fordern die Demokratien zum Systemwettbewerb heraus. China und andere erheben den Anspruch, dass ihr System von Befehl, Gehorsam, Angst und dem Vorrang des Kollektivs vor dem Individuum, besser geeignet ist, mit den Herausforderungen der Globalisierung zurechtzukommen. Diese Staaten kennen keine Restriktionen des Rechts, diesen Wettbewerb auszutragen, und sie sind hemmungslos in dem Willen, ihn zu gewinnen.

In diesem Systemwettbewerb geht es also um alles. Aber wir im Westen tun uns schon schwer, überhaupt zu verstehen, dass uns dieser Wettbewerb aufgezwungen wird. Darum sind wir so zögerlich, uns auf ihn einzustellen und ihn umfassend anzunehmen. Wir müssen diese Hilflosigkeit überwinden. Dafür ist es notwendig, genau zu erfassen, in welchem Zustand wir uns außenpolitisch befinden, und was die Ursachen sind, die uns systematisch in eine Lage der Hilflosigkeit gebracht haben. Das müssen wir klären, um Konsequenzen zu ziehen und unsere Hilflosigkeit zu überwinden.

Voraussetzung dafür sind schonungslose Ehrlichkeit im Umgang mit uns selbst und die Bereitschaft zur Veränderung, damit das, was wirklich zählt – Frieden und unsere freiheitliche Art zu leben – bestehen bleiben kann. Die Konsequenzen müssen politisch und strukturell umfassend sein. In einer Welt, in der gesellschaftliche und staatliche Krisen zum Dauerzustand geworden sind und die sich mit fundamentalen geopolitischen Verschiebungen konfrontiert sieht, müssen wir umfassend vorbereitet sein. Momentan sind wir es nicht.

Diese »Unordnung« ist nicht zufällig, sondern der Ausdruck unserer geschichtlichen Epoche. Die alte Ordnung – der große Zyklus der Nachkriegsgeschichte – ist vorbei, aber die neue Ordnung noch nicht entstanden. In dieser revolutionären Zwischenphase geht es um nicht mehr und nicht weniger als um unsere Selbstbehauptung als Deutsche, Europäer und als Westen. Es geht darum, dass wir unsere Lebensweise behaupten und verteidigen müssen. Sonst wird sie keinen Bestand haben. Es liegt nicht an der Stärke unserer Gegner, sondern daran, dass wir den Willen aufbringen, eine Gestaltungsmacht im Namen unserer Werte und unserer Interessen zu werden.

Darum müssen wir von einer reaktiven zu einer initiativen Außenpolitik kommen. Dafür benötigen wir eine permanente strategische Krisenvorausschau. Diese Krisenvorausschau muss organisiert, betrieben und in die tägliche Regierungsarbeit integriert werden. Warnungen und Handlungsempfehlungen müssen ihren Weg in die Administration und relevanten Ministerien finden, und zwar so, dass Entscheidungen ressortübergreifend getroffen und umgesetzt werden. Die besten Erkenntnisse nützen nichts, wenn sie nicht in politischem Handeln münden.

Wir müssen anerkennen, dass in einer Welt, die nicht perfekt ist, in der es Aggressoren gibt, die bereit sind, militärische Mittel zur Durchsetzung ihrer Ziele einzusetzen, auch wir wehrfähig sein müssen. Ohne ein schlagkräftiges Militär sind unsere diplomatischen Bemühungen weniger wert. Wir werden in entscheidenden Fällen nicht ernst genommen.

Auf all das müssen wir Deutschland vorbereiten und ehrlich kommunizieren, dass es Frieden und Freiheit nicht zum Nulltarif gibt. Mit der Globalisierung sind umfassende wirtschaftliche Abhängigkeiten entstanden. Lieferketten sind ins Ausland verlegt und Absatzmärkte erschlossen worden. Das hat weltweiten Wohlstandsgewinn mit sich gebracht. Aber heute bedeutet diese Interdependenz auch Verwundbarkeit. Die neue Realität müssen wir in unseren Außenhandel einbeziehen und uns auf das neue Paradigma unserer Zeit – Resilienz – einstellen. Gerade unser deutsches Wirtschafts- und Wohlstandsmodell, das sehr stark auf Exportüberschüssen bei gleichzeitiger Ausblendung der sicherheitspolitischen und geostrategischen Interessen beruht, wird so keinen Bestand haben und muss angepasst werden. Wir müssen unsere Widerstandsfähigkeit umfassend – gesellschaftlich, politisch, wirtschaftlich, technologisch – erhöhen. Nur dann sind wir in der Lage, auf globaler Bühne unsere Zukunft zu gestalten.

II.
DIE HERAUS-FORDERUNGEN

Russland

Spätestens seit dem Frühjahr 2014 war klar, dass Russlands Außenpolitik eine grundsätzlich neue, aggressive Richtung einschlagen würde. Der Kurswechsel der russischen Außenpolitik war nicht strategischer Natur, sondern er erfolgte als taktische Reaktion Putins auf das Assoziationsabkommen der Europäischen Union mit der Ukraine. Die ukrainische Bevölkerung hatte ihre korrupte politische Führung unter Präsident Janukowitsch, einer Marionette Putins, davongejagt. Die Ukrainer hatten sich entschlossen, nicht nur geografisch ein europäisches Land zu sein, sondern es auch in den politischen Werten sein zu wollen. Sie waren entschlossen, demokratisch, rechtsstaatlich und marktwirtschaftlich die Zukunft ihres Landes zu gestalten.

Es war klar, dass die Ukraine demokratisch, rechtsstaatlich und wirtschaftlich noch nicht in der Verfassung war, in der sie die Mitgliedschaft in der Europäischen Union hätte beantragen können. Das Assoziationsabkommen stellte aber die Beziehungen zwischen der Europäischen Union und der Ukraine auf eine neue Grundlage und gab den Beziehungen einen Rahmen, um den Weg in die EU langfristig zu eröffnen. Dadurch fühlte sich Putin unter Druck gesetzt. Denn ihm war klar, dass die Ukraine, das größte, wichtigste westliche Nachbarland Russlands, wie zuvor schon Polen und die baltischen Staaten, ein Erfolgsmodell werden würde, sollte sie den europäischen Weg einschlagen.

Den wirtschaftlichen und gesellschaftlichen Erfolg der westlichen Nachbarstaaten fürchtet Putin mit Blick auf seine eigene Macht. Denn es wäre nur eine Frage der Zeit, bis der erfolgreiche Weg der Ukraine auch die russische Bevölkerung fragen ließe: Warum bleibt Russland das einzige Land, in dem eine korrupte, unfähige Führung dafür sorgt, dass die wirtschaftliche Modernisierung verhindert wird und die Menschen weder politisch mitbestimmen können noch in Wohlstand leben? Putin fürchtet dieses Virus der Freiheit, der Demokratie und des Wohlstandes wie der Teufel das Weihwasser.

Damit sind wir bei dem eigentlichen und Grundproblem Russlands angekommen. Das Problem Russlands ist nicht seine Stärke, sondern seine Schwäche. Genauer gesagt, die Unfähigkeit zur wirtschaftlichen Modernisierung. Das liegt wiederum in der unauflöslichen Verknüpfung des politischen Herrschaftssystems in Russland mit dem oligarchisch geprägten wirtschaftlichen Ausbeutungssystem. Diejenigen, die den Staatsapparat und den Sicherheitsapparat beherrschen, sind gleichzeitig diejenigen, die das Land wirtschaftlich ausbeuten und so zu Milliardären geworden sind.

Putin hat in Russland die Kleptokratie als Herrschaftsform begründet. Wer also das Land wirtschaftlich modernisieren will, der muss die Machtfrage stellen. Und genau dazu ist Putin nicht bereit. Er ist nicht nur Teil des Systems, inzwischen ist er das System. Sein oberstes Ziel ist die Sicherung der eigenen Macht und des persönlichen Reichtums. Dem ordnet er alles andere unter. Das hat Putin und mit ihm das ganze Land in eine Sackgasse geführt, wie er selbst weiß. Putins grundlegender Wechsel zu einer aggressiven Außenpolitik war sein Versuch, aus der Defensive, in der er sich befindet und in die er das Land geführt hat, auszubrechen.

Und er hatte damit auch beachtlichen Erfolg. Denn vor allem mit der Annexion der Krim und auch mit der Intervention in der Ost-Ukraine hat er die psychische Verfassung seines Landes verändert. Diese war geprägt durch eine Stimmung des Verfalls, des Niedergangs und der Einschätzung, dass Russland in der Welt nichts mehr gelte. So sehr im Westen Michail Gorbatschow als Reformer und großer Staatsmann verehrt und bewundert wird, so sehr ist er in Russland die Personifizierung des Niedergangs. In der Präsidentschaft von Boris Jelzin kam zum äußeren Verfall der Sowjetunion das innere Chaos Russlands hinzu. Vor allem mit der Annexion der Krim gelang es Putin, den nationalen Stolz der Russen wiederherzustellen und der verbalen Herabwürdigung durch US-Präsident Barack Obama, der Russland als »Regionalmacht« verhöhnte, etwas entgegenzusetzen. Putin hatte bewiesen, dass Russland sich wehrt und es nicht immer nur bergab geht, sondern dass Russland auch Macht und Territorium zurückgewinnen kann.

Nichts an diesem eklatanten Völkerrechtsbruch ist zu rechtfertigen und zu entschuldigen. Gleichwohl muss festgehalten werden, dass die Europäer einen schwerwiegenden Fehler gemacht haben, indem sie nicht berücksichtigt hatten, was das Assoziationsabkommen mit der Ukraine für Putin innenpolitisch bedeutete. Es wurde gesehen, aber man hatte weder eine Idee noch hielt man es für wichtig genug, auf diese innenpolitische Rückwirkung in Russland einzugehen und ihr politisch Rechnung zu tragen.

Auf den schwerwiegenden Völkerrechtsbruch der Annexion der Krim sowie der Intervention in der Ost-Ukraine reagierten die Europäer und der Westen mit einer harten Verurteilung. Es war vor allem die Bundeskanzlerin, die als notwendige Antwort die Politik der europäischen und auch amerikanischen Sanktionen gegen Russland einleitete. Es war wohl der erste und bislang einzige Fall in der Nachkriegsgeschichte, dass in einem schwerwiegenden internationalen Konflikt Deutschland mit der Zustimmung der europäischen Partner und der Vereinigten Staaten von Amerika die politische Führung übernommen hatte.

Man mag im Nachhinein kritisieren, dass die Sanktionen nicht konsequent genug ausgefallen sind, um Putin zu verdeutlichen, dass diese Politik auch für Russland unvertretbar hohe Kosten mit sich bringen würde. Allerdings war das nicht der entscheidende Fehler, den vor allem die deutsche Politik in der Folgezeit nach 2014 gemacht hat. Fatal und strategisch verhängnisvoll für die deutsche Außenpolitik war, dass die Bundesregierung dem Pipeline-Projekt Nord Stream 2, das bereits ein Jahr nach der Annexion, im Jahr 2015, gestartet wurde, bis zum Beginn des russischen Angriffskrieges gegen die Ukraine die politische Unterstützung gewährt hat.

Bei diesem Projekt handelt es sich nach Nord Stream 1 um die Verlegung einer weiteren Pipeline für den Gastransport von Russland nach Deutschland durch die Ostsee. Allein die beiden Ostsee-Pipelines, die ja zu den bereits existierenden Leitungen über Land hinzukommen, verfügen jeweils über ein Durchleitungsvolumen von jährlich 55 Milliarden Kubikmetern, also bereits deutlich mehr als der jährliche Verbrauch in Deutschland, der rund 90 Milliarden Kubikmeter beträgt. Wichtig zu verstehen ist, dass es sich nicht um einen Vertrag über Gaslieferungen handelt, sondern um ein reines Pipeline-Projekt. Entscheidend ist, dass die vorhandenen Leitungen ausreichen, um den deutschen und europäischen Erdgasbedarf aus Russland durchzuleiten. Es gibt sogar noch erhebliche freie Kapazitäten für mehr Gaslieferungen aus Russland. Davon will aber inzwischen keiner mehr etwas hören.

Deshalb war stets klar, dass es sich bei Nord Stream 2 weder um ein Gasgeschäft gehandelt hat, noch überhaupt um ein wirtschaftliches Projekt. Es war immer ein politisches Projekt, das von vornherein als politische Waffe gegen die Ukraine gedacht war. Denn wenn man es wie Putin geplant oder mindestens ins Kalkül gezogen hat, die Ukraine als ganzes Land zu destabilisieren, oder, wie sich nun herausgestellt hat, das ganze Land militärisch anzugreifen, dann ist es von Vorteil, wenn Russland als Aggressor für den Gastransport nach Deutschland und Europa auf dieses Land für die Durchleitung von Gas nicht angewiesen ist. Energieexport ist die entscheidende Lebensader der russischen Volkswirtschaft. Obwohl also der politische Charakter von Nord Stream 2 mit der Intention, diese Pipeline als Waffe gegen die Ukraine einzusetzen, unübersehbar war, wurde das Projekt von der Bundesregierung über Jahre hinweg entweder als rein privatwirtschaftliches Projekt beschrieben oder im Anschluss daran sogar als für die deutsche Gasversorgung wichtig angesehen.

Diese bewusste Fehlbeschreibung von Nord Stream 2 hatte ganz unterschiedliche tiefgreifende Wirkungen. Die Wirkung auf Wladimir Putin muss so gewesen sein: Er hatte es gewagt, mit der Annexion der Krim und der Intervention in der Ost-Ukraine die grundlegenden Regeln des friedlichen Zusammenlebens in Europa und fundamentale Prinzipien des Völkerrechts offen zu verletzen. Putin war dabei auf die massive Empörung der Europäer und des Westens gestoßen. Aber bereits nach einem Jahr, so durfte er mit Genugtuung feststellen, war die deutsche Regierung bereit, ein Megaprojekt, das seinen politischen Aggressionen eine wirtschaftliche Basis zu geben in der Lage war, gutzuheißen und zu befördern. Putin musste vor allem Deutschland, die deutsche Regierung, als nicht entschlossen ansehen, seinen Plänen wirklich anhaltend entgegenzutreten.

Auf Polen sowie die baltischen Staaten hatte das Verhalten der deutschen Regierung die gegenteilige Wirkung. Diese Länder erkannten selbstverständlich den politischen Charakter dieses Projektes und sahen sich dadurch in ihrer eigenen nationalen Sicherheit bedroht. Denn eine Aggression gegen die Ukraine würde Russland direkt an die Grenze zu Polen führen. Wenn die deutsche Regierung ein Projekt, das diese Staaten als Bedrohung ihrer nationalen Sicherheit angesehen haben, öffentlich und offiziell als rein privatwirtschaftlich beschrieben hat, dann war das für diese Staaten eine unglaubliche Provokation. Da nicht nur Polen und die baltischen Staaten, sondern eine Mehrheit aller europäischen Staaten sowie die Europäische Kommission gegen diese Pipeline waren, hat die Befürwortung von Nord Stream 2 durch die Bundesregierung einen bedauerlichen anti-europäischen Charakter angenommen und zur Uneinigkeit Europas erheblich beigetragen.

Dieses Projekt hat aber ebenso als Spaltpilz in den transatlantischen Beziehungen gewirkt. Vor allem im amerikanischen Kongress hat Nord Stream 2 und die Unterstützung durch die Bundesregierung großen Widerstand erzeugt. Uns ist in Deutschland nicht wirklich bewusst geworden, wie sehr Nord Stream 2 und die damit verbundene deutsche Politik ein innenpolitisches Thema in den Vereinigten Staaten geworden sind. Der republikanische Senator Ted Cruz hat den gesamten Prozess der Bestätigung von hohen Beamten und Botschaftern der neuen Biden-Regierung durch den Senat mit der Forderung aufgehalten, dass die Bestätigung der Beamten und Botschafter erst dann erfolgen könne, wenn die amerikanische Regierung Nord Stream 2 und die damit verbundenen europäischen Unternehmen weitergehend als bislang sanktioniere. Frühere Sanktionen in der Amtszeit von Donald Trump hatten in Deutschland Empörung ausgelöst.

Der in Teilen berechtigte Einwand, Deutschland entscheide als souveränes Land selbst über seine Energieversorgung (so falsch die konkrete Ausgestaltung auch gewesen sein mag), wurde verbunden mit dem Vorwurf, es ginge den USA nur um das eigene Geschäft, nämlich den Export von teurerem LNG-Gas. Während die notwendigen LNG-Terminals in Deutschland bis zum heutigen Tag nicht gebaut wurden, was uns nun allgemein als Defizit bewusst ist, schritt die Fertigstellung der Pipeline weiter voran.

Unterdessen setzte Putin seine destruktive und aggressive Außenpolitik in unterschiedlichen Ländern fort. So in Syrien, wo er den Diktator Baschar al-Assad in dessen Kampf gegen die eigene Bevölkerung unterstützt. Putin beteiligt sich an dem Krieg gegen die Zivilbevölkerung. In Aleppo bestand die Kriegstaktik darin, dass die russische Luftwaffe die zivilen Einrichtungen und die sich dort aufhaltenden Menschen gezielt bombardierte, um die Menschen zur Flucht aus Aleppo zu zwingen. Danach sind Assads Truppen eingerückt, um den Krieg am Boden gegen die verbliebene Bevölkerung und die dort vermuteten Kämpfer fortzusetzen. Bei dieser Kriegstaktik handelt es sich ohne jeden Zweifel um Kriegsverbrechen. Es ist bemerkenswert, wie nonchalant diese Verbrechen im Jahr 2016 von der internationalen Gemeinschaft, auch in Europa, begleitet wurden.

Mariupol ist das Aleppo im Jahr 2022 wie andere ukrainische Städte auch. Damals schenkte man den Kriegsverbrechen Putins kaum Aufmerksamkeit, denn wenn man es getan hätte, hätte es gravierende Konsequenzen haben müssen im Umgang mit Russland. Genau das war aber nicht gewollt, weder in Berlin noch in Paris. Der französische Staatspräsident Macron lud Putin zum Beispiel 2019 in seine Sommerresidenz an der Côte d'Azur ein, um über eine neue europäische Sicherheitsarchitektur von Lissabon bis Wladiwostok zu sprechen. Putin nahm die Einladung dankend an und setzte anschließend die Destabilisierung Europas vor allem in afrikanischen Ländern fort, so durch seine militärische Beteiligung in Libyen, dem Tor Afrikas nach Europa. Zuletzt zwang Putin den französischen Präsidenten zu einer schmerzhaften Korrektur seiner Politik in Mali. Emmanuel Macron zog nach jahrelangem Einsatz die französischen Truppen aus Mali zurück, nachdem die dortige Putschistenregierung offiziell entschieden hatte, mit der russischen Söldnertruppe Wagner zu kooperieren.

Putin fördert gezielt in Europa rechtsradikale Organisationen, um die demokratische Stabilität der europäischen Gesellschaften anzugreifen. Cyberattacken aus Russland sind gängige Praxis. Eine galt auch dem Deutschen Bundestag. Dass die Cyberattacke auf den Deutschen Bundestag staatlichen russischen Ursprungs war, hat sich erst längere Zeit danach herausgestellt, durch einen sogenannten geheimdienstlichen Beifang eines befreundeten ausländischen Nachrichtendienstes. Denn Deutschland versagt sich selbst die rechtliche Möglichkeit, Cyberattacken aus dem Ausland jenseits der eigenen Grenzen mit der Methode des »Hackback« nachzuverfolgen. Die aktive Abwehr von solchen Cyberattacken ist somit bisher nicht möglich. Im digitalen Zeitalter ist dies eine bewusste skandalöse Lücke in unserer Wehrhaftigkeit zum Schutz der demokratischen Institutionen und von kritischer Infrastruktur.

Auch auf dem Gebiet der Aufrüstung setzte sich die russische aggressive Politik fort. Die vielleicht größte Errungenschaft in der Geschichte der nuklearen Abrüstung, der sogenannte INF-Vertrag über das Verbot der landgestützten nuklearen Mittelstreckenraketen, wurde von Wladimir Putin schlicht gebrochen, indem er solche Waffen an der Westgrenze des Landes stationiert hat. Putin verfügt unter Verletzung dieses Vertrages inzwischen über Nuklearwaffen, die wieder jede europäische Hauptstadt zerstören können.

Die Vereinigten Staaten von Amerika haben unter Präsident Trump mit der Kündigung des INF-Vertrages reagiert. Das habe ich für einen schweren Fehler gehalten. Denn der Bruch des INF-Vertrages durch Russland sollte nicht zu seiner Beseitigung führen, sondern dieser Vertrag sollte bestehen bleiben, um Russland permanent anzumahnen, sich an diesen Vertrag zu halten. Zumindest sollte die Verletzung des Vertrages durch Russland durch seine Fortgeltung dokumentiert sein.

Man muss also feststellen, dass die aggressive und destruktive, sich gegen die Grundregeln des Völkerrechts sowie der europäischen Friedensordnung richtende Politik Putins über Jahre hinweg konsequent und sichtbar durchgeführt worden ist. Die deutsche Außen- und Energiepolitik hat darauf nicht reagiert. In der Energiepolitik wurde Nord Stream 2 fortlaufend unterstützt. Eine Diversifikation der Gaslieferanten hat nicht stattgefunden.

Jetzt, da Wladimir Putin Krieg führt, wird uns bewusst, in welche Abhängigkeit wir uns von dem kriegtreibenden Präsidenten Russlands begeben haben.

In der Außenpolitik hat ebenfalls das aggressive und destruktive Verhalten Putins zu keiner Veränderung geführt. Es herrschten die gleichen sprachlichen Versatzstücke vor, die schon immer gegenüber Russland praktiziert wurden:

Deutschland setzt immer auf Dialog. Das ist selbstverständlich richtig, aber doch eine Banalität, weil dies kein Mensch in Frage stellt. Aber es braucht mehr als nur die Betonung unserer Dialogbereitschaft, wenn die Politik der anderen Seite in fortgesetzter Aggression besteht.

Deutschland betont immer, dass wir uneingeschränkt auf Diplomatie setzen. Erneut eine Binsenweisheit, denn selbstverständlich ist unser Ansatz der der Diplomatie. Aber wir müssen uns die Frage stellen, was Diplomatie allein und verbunden mit Energieabhängigkeit und dem Fehlen eigener substanzieller militärischer Fähigkeiten bewirken kann.

Die Kombination einer Energiepolitik, die bewusst die Abhängigkeit von Russland einkalkuliert, und einer Außenpolitik, die auf Dialog und Diplomatie setzt und darauf verzichtet, die militärische Verteidigungsfähigkeit gegenüber Russland herzustellen, erweist sich als fatal in der Situation des Krieges, den Russland gegen die Ukraine und gegen die europäische Friedens- und Freiheitsordnung führt.

USA

Der tiefste Einschnitt in der jüngeren Geschichte der amerikanischen Demokratie war die Wahl von Donald Trump zum 45. Präsidenten der Vereinigten Staaten von Amerika im Jahr 2016. Ich gebe zu, ich war überrascht, ja, ich habe es nicht für möglich gehalten. Das lag gar nicht daran, dass den Abgeordneten und vor allem auch den Mitgliedern des Auswärtigen Ausschusses des Deutschen Bundestages von deutscher offizieller Seite versichert wurde, dass Donald Trump zwar äußerst gefährlich für Deutschland und die transatlantischen Beziehungen sei, die Wählerschaft in den USA sich demographisch aber so eindeutig in Richtung der Demokraten entwickele, dass er schlicht keine Chance habe, gewählt zu werden. Bei mir war es vielmehr so, dass ich Donald Trump für einen offensichtlichen Fall von Lüge und Verantwortungslosigkeit angesehen habe und mir deshalb nicht vorstellen konnte, dass eine Mehrheit der Amerikaner selbst unter den besonderen Bedingungen des amerikanischen Wahlrechts ihn zum Präsidenten wählen würde.

Meine Fehleinschätzung bezog sich darum auch nicht nur auf eine Wahlprognose. Mir war entgangen, wie tief und breit der Graben in der amerikanischen Gesellschaft geworden war. Mir war nicht bewusst, wie viel Irrationalität und Hass die amerikanische Gesellschaft spaltet. Wir haben in den vier Jahren Trump erlebt, was es heißt, wenn die USA als außenpolitische Gestaltungskraft ausfallen. Es ist sichtbar geworden, dass die Vereinigten Staaten von Amerika das einzige Land sind, das zwar über die Fähigkeit verfügt, aber unter Trump eben nicht mehr über den Willen, als globale Ordnungsmacht zu fungieren.

Man braucht die Amtszeit von Donald Trump einschließlich der Stürmung des Kapitols am 6. Januar 2021 nicht im Einzelnen Revue passieren zu lassen, um sich zu vergegenwärtigen, was sie für die USA, für die transatlantischen Beziehungen, für Europa und die Welt bedeutet hat. Es reicht, wenn wir uns für einen Moment vorstellen, Donald Trump wäre auch jetzt noch der Präsident der Vereinigten Staaten und Wladimir Putin würde Krieg in Europa führen.

Wir Deutsche und Europäer können von Glück sagen, dass mit Joe Biden ein Präsident ins Amt gekommen ist, der außenpolitisch ebenso erfahren wie verantwortungsvoll ist und uns Deutsche und Europäer als die engsten Verbündeten der Vereinigten Staaten schätzt. Im Umgang mit dem Krieg Putins in der Ukraine haben sich die Warnungen der USA bestätigt und die geheimdienstlichen Erkenntnisse als sehr genau herausgestellt. Wladimir Putin und sein Krieg haben – entgegen jeder Planung der amerikanischen Administration – die USA als die europäische Sicherheitsmacht zurückgebracht, also in die Rolle, die sie seit dem Ende des Zweiten Weltkrieges in Europa so verlässlich und erfolgreich wahrgenommen hatten.

Aber wir dürfen uns nichts vormachen. Mit der Wahl von Joe Biden gibt es einen anderen Präsidenten und eine andere Regierung, aber es gibt kein anderes Amerika. Die Spaltung dauert an. Die Unversöhnlichkeit zwischen den politischen Lagern ist unvermindert. Donald Trump, der einst ein Außenseiter in der Republikanischen Partei war, hat die feindliche Übernahme der »Grand Old Party« der amerikanischen Politik erfolgreich abgeschlossen. Er ist der starke Mann dieser Partei. Sie sucht, solange sie im Griff von Donald Trump ist, weder das Gemeinsame, auch nicht in Zeiten der Krise und des Krieges, noch den Kompromiss. Es geht um Gegnerschaft, Macht und gezielte Spaltung. Es gibt keinen politischen Wettbewerb, sondern Kampf. Die politische Debatte ist vergiftet.

Der prekäre, ja gefährdete Zustand der amerikanischen Demokratie bedeutet größte Gefahr für die Sicherheit Europas. Denn diese hängt an den USA. Die Europäer haben wenig getan, auch nicht in den letzten Jahren, in denen die vielfältigen Gefahren für unsere Sicherheit unübersehbar waren, von staatlichem und nicht-staatlichem Terror bis hin zur Aggression Russlands, um selbstständig oder mindestens mit einem höheren Anteil die Sicherheit Europas gewährleisten zu können.

Wir dürfen uns gerade deshalb aber auch über eine weitere Tatsache keine Illusionen machen. Die Außenpolitik auch von Joe Biden zielt – abgesehen von dem gegenwärtigen Engagement in Europa, das Putin uns allen gemeinsam aufzwingt – nicht darauf ab, wieder anzuknüpfen an eine Außenpolitik, wie sie vor Donald Trump praktiziert wurde. Joe Biden hat eine grundlegend neue

Prioritätenliste, auf die wir uns auch für seine Nachfolger einstellen sollten, wenn es nicht sogar wieder schlimmer kommt: Die oberste Priorität für Joe Biden ist der Wiederaufbau des eigenen Landes, der vernachlässigten Infrastruktur und der ehemaligen Industrieregionen, die ihre wirtschaftliche Basis verloren haben, sowie die gesellschaftliche Stabilisierung durch Bildungspolitik und Gesundheitspolitik. Biden hat mehrere Billionen Dollar umfassende Investitionspakete in den Kongress eingebracht, um den Wiederaufbau der USA mit enormen öffentlichen Mitteln zu betreiben.

Die außenpolitische Priorität der Administration Biden ist ebenso knapp wie einfach zu beschreiben: China. China wird der tiefen Spaltung zwischen den politischen Parteien und in der amerikanischen Gesellschaft zum Trotz über die Parteien hinweg und in der Gesellschaft als der große, umfassende Herausforderer der USA gesehen. Die USA sehen sich durch China auf allen Gebieten – wirtschaftlich, technologisch, militärisch, geopolitisch – herausgefordert. China ist darum der Fokuspunkt der amerikanischen Außenpolitik, an dem sich alles andere ausrichtet. Auch das Verhältnis zu den Alliierten und besonders zu den Europäern und besonders zur viertgrößten Volkswirtschaft der Welt, nämlich Deutschland, wird sich an der Frage messen, ob und in welchem Maße wir bereit sind, die Sicht auf China und die Politik gegenüber China mit den USA zu teilen.

Konsequenterweise sah auch die amerikanische Regierung unter Biden – bis zum Krieg Russlands – Europa sowie seine östliche Nachbarschaft und die südliche Nachbarschaft vom Nahen und Mittleren Osten bis zum nördlichen Afrika nicht mehr als Priorität amerikanischer Außenpolitik an. Ob sich das durch den Krieg Russlands und das maßgebliche Engagement der USA seither in Europa dauerhaft geändert hat, muss mit erheblichen Zweifeln verbunden werden. Zwar müssen wir davon ausgehen, dass das, was jetzt an Veränderung durch den Krieg in der Ukraine eingeleitet wurde, epochal ist und uns eher für eine Generation als für eine Dekade beschäftigen wird. Aber die Zeit wird kommen, dass die USA immer stärker von den Europäern verlangen werden, die führende Verantwortung in dieser europäischen Angelegenheit zu übernehmen. Denn an den fundamentalen Ursachen für die neue amerikanische Prioritätensetzung hat sich nichts geändert, und sie werden bald schon wieder allein aus innenpolitischen Gründen ihren Tribut fordern.

Sichtbarer Ausdruck dieser neuen Prioritätensetzung war in jüngster Zeit der Rückzug der Amerikaner und damit aller NATO-Truppen aus Afghanistan. Die verheerende Außenpolitik von Donald Trump hatte die USA auch hier in ein Problem gestürzt. Trump hatte angeordnet, dass die USA direkt mit den Taliban unter Ausschluss der afghanischen Regierung verhandeln. Dies war eine maximale diplomatische Schwächung der afghanischen Regierung. Die Verhandlungen mit den Taliban hatte Trump dann selbst entwertet, indem er öffentlich ein fixes Abzugsdatum, nämlich den 1. Mai 2021, zugesagt hatte. Für die Taliban bestand also in keinem Moment ein Grund, wirklich mit den USA zu verhandeln. Sie mussten einfach nur abwarten. Die Taliban hatten angedroht, dass es zu schweren neuen Anschlägen kommen würde, wenn die USA das Abzugsdatum nicht einhielten.

Diese desaströse Verhandlungslage hatte Joe Biden von seinem Vorgänger geerbt. Gleichwohl war praktisch allen sicherheitspolitischen Beobachtern und auch den Europäern klar, dass ein Abzug der NATO-Truppen im Jahr 2021 unverantwortlich sein würde. Die NATO-Präsenz hatte eine enorme Stabilisierung im Land erreicht, aber die Einschätzung war, dass Afghanistan noch nicht zur eigenständigen Sicherheitsgewährleistung im Land in der Lage war.

Wir wissen, wie die Geschichte ausgegangen ist. Präsident Biden hat nicht zuletzt aus innenpolitischen Gründen mit einer Verschiebung des Abzugs um vier Monate an der Politik seines Vorgängers festgehalten. Die desaströsen Folgen, die in der Tatsache und in der Art und Weise des Abzugs lagen, sind uns noch allen bewusst vor Augen. Die NATO-Präsenz war zahlenmäßig, verglichen mit vergangenen Jahren, auf einem sehr niedrigen Niveau angekommen. Afghanistan hatte dank der NATO-Präsenz ein Maß an Stabilität und individueller Freiheit erreicht – gerade für Mädchen und Frauen –, die dem Land seit langer Zeit nicht mehr beschert war. Die Europäer haben die amerikanische Politik für falsch gehalten. Aber genauso klar war: Sie hatten nicht die Fähigkeit, ohne die amerikanische militärische Präsenz ihre Aufgabe unter Wahrung der eigenen Sicherheit in Afghanistan zu erfüllen.

Wir haben also beides in Afghanistan im letzten Jahr erlebt: die Folgen einer desaströsen amerikanischen Politik des Rückzugs aus der Welt und europäische Ohnmacht. Wir mussten beobachten, dass europäische Außenpolitik sich selbst dann gezwungen sieht, amerikanische Fehler mitzumachen, wenn es dabei um vitale europäische Interessen geht. Denn die Konsequenzen daraus, dass Afghanistan wieder in Chaos, Not und unter die Schreckensherrschaft der Taliban gestürzt wird, werden die Europäer treffen. Die Amerikaner sind von diesem Konflikt einen Ozean weit entfernt.

Für den Moment hat Wladimir Putin es geschafft, diese Entwicklung, die Neu-Fokussierung der US-Außenpolitik, zu stoppen. Die Amerikaner sind zurück als die entscheidende und partnerschaftlich mit den europäischen Verbündeten kooperierende Sicherheitsmacht in Europa. Aber was heißt das für die Zukunft?

Nach meiner Ansicht heißt es definitiv nicht, dass sich mit dem gegenwärtigen Einsatz und Engagement der Amerikaner in Europa eine grundlegende Revision der Prioritäten der amerikanischen Innen- und Außenpolitik verbindet. Die amerikanische Politik wird, sobald es die Lage in Europa rechtfertigt, zurückkehren zu ihren Prioritäten. Sie wird die finanziellen Ressourcen vor allem fokussieren auf den Wiederaufbau des eigenen Landes, und sie wird ihre Außenpolitik darauf konzentrieren, im Wettbewerb mit China die Oberhand zu behalten.

Ein weiterer Aspekt bleibt zudem völlig ungewiss, nämlich die Frage, ob Donald Trump im Jahr 2024 der Nachfolger seines Nachfolgers wird. Es ist – mindestens von heute aus betrachtet – alles andere als ausgeschlossen. Daraus wiederum gibt es eine präzise Schlussfolgerung für die Europäer zu ziehen: Es bleibt wenig Zeit, um uns außen-, sicherheits- und energiepolitisch auf die mögliche Rückkehr von Donald Trump ins Weiße Haus vorzubereiten. Wenn wir es nicht tun, werden wir auch in dieser Hinsicht weiter hilflos bleiben. Wirklich angefangen haben wir damit noch nicht.

China

Auch der Wendepunkt in der jüngeren chinesischen Politik trägt einen Namen: Xi Jinping. Seit 2013 ist er der Staatspräsident der Volksrepublik China, nachdem er im Jahr zuvor die Ämter des Generalsekretärs der Kommunistischen Partei sowie des Vorsitzenden der Zentralen Militärkommission übernommen hatte. Die Machtübernahme durch Xi Jinping bedeutet einen Bruch mit der bis dahin geltenden internen Machtarchitektur innerhalb der Kommunistischen Partei, wie sie sich in der Zeit nach Mao Zedong unter dessen Nachfolger Deng Xiaoping bis zu den Vorgängern von Xi Jinping in Staat und Partei, Hu Jintao und Wen Jiabao, ergeben hatte. Und sie markiert auch eine Zäsur in der Außenpolitik des Landes.

In Abkehr von Mao hatte Deng die Begrenzung und Kontrolle der Macht in der Partei und im Staat eingeführt. Es gab das Prinzip der kollektiven Führung, die Amtszeiten waren ebenso begrenzt wie der ideologische Anspruch der Führung. Xi Jinping hat in Anknüpfung an Mao eine umfassende, ungehemmte, unbefristete Ein-Mann-Herrschaft mit ideologischem Wahrheitsanspruch etabliert. Die Unterdrückung jeder Form von Information und Meinungsfreiheit ist ebenso kompromisslos wie die Unterdrückung ethnischer Minderheiten etwa der Tibeter und vor allem der muslimischen Uiguren.

Ein wesentliches Instrument, um die Totalkontrolle der Gesellschaft als Ganzes sowie von Einzelpersonen zu erhalten, ist die digital gestützte Rundumüberwachung, -beobachtung und -abhörung. Mithilfe eines digital betriebenen Social-Credit-Systems, das bis 2020 in verschiedenen Regionen getestet wurde und seitdem flächendeckend ausgerollt wird, soll die Regierungskonformität der Bevölkerung gesteigert werden. Der Staat erlangt totale Kontrolle über die Bürger und fördert durch die Vergabe und den Entzug von Punkten wünschenswertes Verhalten beziehungsweise sanktioniert negatives Verhalten. Wer gegen Regeln verstößt, wird beispielsweise von der Nutzung der Hochgeschwindigkeitszüge ausgeschlossen, des zentralen Fortbewegungsmittels vieler Chinesen innerhalb des Landes. Die Bewegungsfreiheit wird so massiv eingeschränkt.

Außenpolitisch hat China unter Xi Jinping mit der bis dahin geltenden Doktrin gebrochen, dass China eine aktive, global orientierte außenpolitische Rolle deshalb nicht wahrnehmen könne, weil es noch Entwicklungsland sei und sich darum auf die innere Entwicklung konzentrieren müsse. Xi Jinping verfolgt nunmehr das exakt gegenteilige Ziel. Er will die »natürliche Ordnung« der Welt wieder herstellen. Diese sieht China als Zentrum der Welt an. Xi knüpft an das antike chinesische Konzept von »Tianxia« – alles, was unter dem Himmel ist – und den damit verbundenen chinesischen Herrschaftsanspruch an. Nach dieser Lesart ist die westliche Dominanz in den internationalen Beziehungen eine Anomalie der Geschichte und Chinas Aufstieg die Wiederherstellung der rechtmäßigen Ordnung.

Diese Ambition bildet die ideologische und machtpolitische Antithese zu der Weltordnung, die nach dem Zweiten Weltkrieg unter Führung der Vereinigten Staaten von Amerika etabliert worden ist, und die wir die »liberale internationale Weltordnung« nennen.

China ist zuzugestehen: Diese liberale, auf der Idee des Rechts basierende und darum regelbasierte internationale Ordnung wurzelt in Werten westlichen Ursprungs: in der Idee der individuellen Menschenrechte, der individuellen und gesellschaftlichen Freiheiten, die universalistische Geltung beanspruchen, im Schutz der Rechte von Minderheiten, in der Idee, dass die Souveränität und Integrität von Staaten durch andere Staaten zu respektieren ist, und dass die Beziehungen der Staaten zueinander durch die Institutionen des Rechts geregelt werden.

Das Einzige, was von diesen Vorstellungen in der gegenwärtigen chinesischen Politik geteilt wird, ist das Prinzip der Nichteinmischung in die inneren Angelegenheiten der Staaten als Ausdruck ihrer Souveränität und völkerrechtlichen Integrität. Aber selbst dies hat praktisch wenig Glaubwürdigkeit wegen seiner selektiven Anwendung in der chinesischen Außenpolitik. Wie die faktische Unterstützung des Krieges Russlands gegen die Ukraine durch China zeigt, ist China bereit, auch dieses grundlegende Prinzip dann zu missachten, wenn dem eigene machtpolitische Interessen entgegenstehen. Außerdem verbirgt sich hinter der chinesischen Position der Nichteinmischung von anderen Staaten in die inneren Angelegenheiten von Ländern der Versuch, vor allem die menschenrechtliche Kritik an den inneren Verhältnissen in China als Einmischung in innere Angelegenheiten abzuwehren.

China lehnt auch ausdrücklich alles ab, was die liberale internationale Ordnung konstituiert. Dies wird als die Ordnung des Westens, als Ausdruck des globalen Machtanspruchs der USA angesehen. Zwar spricht China gerne vom Multilateralismus, dem sich das Land als Win-win-Strategie verschrieben habe, aber in der Praxis ist davon wenig zu spüren. Gerade während der Präsidentschaft Donald Trumps, der mit seinem »America first« viele Verbündete vor den Kopf gestoßen hatte, betonte China das Prinzip der internationalen Kooperation.

Das, worauf China tatsächlich besteht, lässt sich jedoch sehr einfach formulieren und ist das genaue Gegenteil von Multilateralismus: China besteht darauf, dass seine Interessen, die selbstverständlich nur durch China definiert werden können, von allen anderen berücksichtigt werden. Wenn China gegen die klare völkerrechtliche Rechtslage einen Hoheitsanspruch auf das gesamte Südchinesische Meer geltend macht, dann wird dies mit geschichtlichen Argumenten begründet. Jedem, der die Position des Völkerrechts demgegenüber vertritt, hält China vor, sein nationales Selbstverständnis zu verletzen und den chinesischen Stolz zu beleidigen.

China macht zu Recht geltend, infolge seiner international schwachen Position nach dem Ende des Zweiten Weltkrieges bei der Formulierung der internationalen

Ordnung wenig berücksichtigt worden zu sein. Das Land leitet daraus zu Unrecht eine bis heute fortgesetzte Opferrolle ab, die immer dann geltend gemacht wird, wenn China Machtansprüche gegen andere oder auf fremde Gebiete erhebt. Das Selbstverständnis Chinas besteht konsequenterweise darin, dass nicht internationale rechtliche Regeln, sondern der chinesische Machtanspruch als Ausdruck legitimer Interessen Chinas von anderen zu respektieren seien. Dies läuft auf nichts anderes hinaus, als dass das Recht als Maßstab der Regelung internationaler Beziehungen durch die Macht des jeweiligen Anspruchstellers ersetzt wird. Und China ist entschlossen, den international größten Machtanteil wiederzuerringen.

Ein entscheidender Zwischenschritt zu diesem Ziel ist die Dominanz in Ostasien und im Indopazifik. Der Hoheitsanspruch auf das Südchinesische Meer entspricht der machtpolitischen Logik Chinas. Um diesen Anspruch militärisch abzusichern, hat China künstliche Inseln für Militärbasen aufgeschüttet. Es geht damit die direkte Konfrontation mit seinen südostasiatischen Nachbarn ein, die ebenfalls territoriale und teils gerichtlich bestätigte Ansprüche auf das Gebiet stellen. Diese Länder sind in einer Zwickmühle gefangen: Sie sind wirtschaftlich abhängig von China und fühlen sich gleichzeitig durch den großen Nachbarn bedroht. Schutz und Rückversicherung für diese Staaten bieten allein die USA. Doch dieses Angebot anzunehmen, ist mit der Gefahr verbunden, von China mit wirtschaftlichen Sanktionen bestraft zu werden.

Bisher haben die ostasiatischen Nachbarstaaten Chinas auf diese Zwickmühle mit dem Versuch der Neutralität reagiert, was langfristig aber nur schwer aufrechtzuerhalten sein wird. Denn das Südchinesische Meer und die Taiwanstraße zwischen Taiwan und dem chinesischen Festland sind die zentralen Konfliktherde in der Region. Die »Wiedervereinigung« mit Taiwan ist das erklärte Ziel Pekings, wobei es sich im chinesischen Selbstverständnis nicht um Außenpolitik, sondern um Nationalpolitik handelt. Alle notwendigen Mittel sind erlaubt. Notfalls auch militärische. All dies ist der ausdrückliche Inhalt vieler Erklärungen und Reden Xi Jinpings.

China verfolgt aber auch über die eigene Region hinaus eine Strategie, wie seine globale Machtausdehnung zu erfolgen hat. Im Zentrum steht dabei das Projekt der Belt-and-Road-Initiative (BRI), in Deutschland etwas verharmlosend oft »Seidenstraßenprojekt« genannt. Bei diesem Projekt geht es darum, ein globales Netz des Einflusses Chinas zu knüpfen. Es handelt sich um nichts anderes als das zentrale Vorhaben der internationalen Machtprojektion Chinas. Durch die Investition in Infrastrukturvorhaben aller Art, seien es Häfen, Flughäfen oder Schienenprojekte, kauft sich China Einfluss in den unterschiedlichsten Ländern. Manche Entwicklungsländer gehen eine hohe Verschuldung gegenüber China ein und bringen sich so in Abhängigkeit, was China wiederum ganz ausdrücklich zum Instrument seiner außenpolitischen Interessenvertretung erklärt hat.

China versucht zudem systematisch, in internationalen Organisationen und vor allem in UN-Organisationen Spitzenpositionen entweder mit eigenen Diplomaten zu besetzen oder die Repräsentanten anderer Länder, die sich dann China verpflichtet fühlen, in Positionen zu bringen. Ziel dieser Personalpolitik ist, dass diese Personen chinesische Interessen vertreten.

Ein weiterer wichtiger Bereich der chinesischen Interessenvertretung besteht in dem Versuch der kulturellen Durchdringung vor allem der westlichen Länder. Das Sponsoring von Spitzenuniversitäten, gerade in England, sowie die Einrichtung von chinesischen Kulturzentren sind hierfür wichtige Instrumente. Allein in Deutschland gibt es zahlreiche Konfuzius-Institute, die oft verfälschend mit den deutschen Goethe-Instituten verglichen werden, obwohl der Vorwurf der politischen Lenkung und der Einflussnahme bis hin zur Spionage seit Jahren im Raum steht.

Anders als das deutsche Goethe-Institut sind viele Konfuzius-Institute oft direkt an Universitäten angegliedert und stellen finanzielle Mittel, Lehrer und Lehrmaterialien bereit. Auf diese Weise können sie Einfluss auf die akademische Freiheit nehmen und eine selektive Sichtweise Chinas fördern, um dessen Soft Power in der Welt zu mehren. Dass dieser Vorwurf nicht unberechtigt ist, verdeutlicht ein Vorfall im Oktober 2021. Die Journalisten Stefan Aust und Adrian Geiges hatten zusammen mit den Konfuzius-Instituten in Hannover und Duisburg eine Lesung ihres Buches »Xi Jinping – der mächtigste Mann der Welt« geplant. Die Lesung wurde abgesagt, und es gibt Gründe anzunehmen, auf direkte Weisung aus Peking.

Deutschland hält an den Kooperationen mit den Konfuzius-Instituten bisher fest, obwohl für deutsche Institutionen und NGOs in China in keiner Weise reziproke Regeln gelten. Im Gegenteil: Mit dem NGO-Gesetz, das 2016 erlassen wurde, wird die Arbeit ausländischer Organisationen in China massiv erschwert oder auch gänzlich unterbunden.

Wir können also einen grundlegenden Wandel im chinesischen Selbstverständnis konstatieren, der Konsequenzen hat für die Innenpolitik im Sinne einer konsequenten Unterdrückung und für die Außenpolitik im Sinne einer machtpolitischen Ambition, die auf globale Dominanz aus ist. China versteht sich selbst inzwischen als globalen Akteur für die eigenen Interessen. Wie hat die deutsche China-Politik auf diesen grundlegenden Wandel reagiert?

Deutsche China-Politik war über Jahrzehnte im Wesentlichen Industrie-Exportpolitik. Im Kern hat sich bis heute nichts daran geändert. Die geopolitische Dimension von Chinas Aufstieg bleibt folgenlos, Abhängigkeiten selbst in strategischen Bereichen unserer Volkswirtschaft werden gesteigert. Was das im Fall eines geopolitischen Konflikts mit China bedeutet, wird praktisch nicht diskutiert. Zwar wird nun generell in Europa und auch in Deutschland davon gesprochen, dass China eine Trias bilde, nämlich gleichzeitig Partner, Wettbewerber und systemischer Rivale sei.

Aber welche Konsequenzen sind aus der systemischen Rivalität mit China, die auf chinesischer Seite von ökonomischen, technologischen und zunehmend militärischen Fähigkeiten und einem machtpolitischen Willen unterlegt ist, bislang gezogen worden? Die Bilanz ist überschaubar. Für den Deutschen Bundestag kann man allerdings den beachtlichen Erfolg feststellen, in der vergangenen Legislaturperiode in einem zweijährigen Kampf eine strategische Konsequenz für die Regelung des neuen Mobilfunkstandards 5G gezogen zu haben. Der bisherige Mobilfunkstandard 4G ist weitgehend durch chinesische Komponenten geprägt. 5G ist nicht nur einfach eine Fortentwicklung von 4G, sondern eine neue Qualität, bei der die physische Trennung zwischen intelligentem Kernnetz und der Peripherie so nicht mehr besteht. Das 5G-Mobilfunknetz ist so etwas wie das digitale Nervensystem unserer Gesellschaft, unserer Wirtschaft und unseres Staates, das alles miteinander verbindet. Es ist Grundlage und Voraussetzung für das Internet der Dinge.

Der Gesetzentwurf der Bundesregierung, der den Bundestag erreichte, war geprägt von der Philosophie, dass alle Unternehmen, die bestimmte, rein technisch definierte Sicherheitsanforderungen erfüllen würden, eingeladen seien, den 5G-Standard in Deutschland zu entwickeln und auszubauen. Dies hätte im praktischen Ergebnis die Übernahme des deutschen 5G-Mobilfunknetzes durch chinesische Unternehmen bedeutet. Doch es ist gelungen, aus diesem Einladungsgesetz ein echtes 5G-Sicherheitsgesetz zu machen, indem die Mehrheit des Bundestages beschlossen hat, neben den technischen Sicherheitsanforderungen auch genuin sicherheitspolitische Anforderungen an die Hersteller von 5G-Komponenten zu definieren. Der Widerstand der Bundesregierung war umso bemerkenswerter, als es mit Ericsson und

Nokia vertrauenswürdige und wettbewerbsfähige europäische Anbieter gab. Anders als wir denkt China nicht eine Sekunde daran, strategisch wichtige Infrastruktur zu substanziellen Teilen in die Hände ausländischer Firmen zu geben. Entsprechend ist der Marktanteil von Ericsson und Nokia in China gering. Denn allein deren Präsenz in den Netzen und das damit verbundene Manipulationspotenzial werden in China als Gefahr gesehen, sich als Staat angreifbar und erpressbar zu machen.

Auch im Bereich der Wirtschaft ist ein gewisser Meinungsumschwung im Verhältnis zu China festzustellen. Vor allem die familiengeführten und exportorientierten mittelständischen Unternehmen spüren, dass sie einer zunehmenden Abhängigkeit von China nicht gewachsen wären und sehen sich gleichzeitig in Europa einem unfairen Wettbewerb mit staatlich subventionierten chinesischen Unternehmen ausgesetzt. Sie suchen daher nach neuen Möglichkeiten und Schutz gegenüber China.

Ganz anders ist das Bild allerdings im Hinblick auf einige große deutsche Unternehmen in strategischen Sektoren der deutschen Volkswirtschaft. Für eine ganze Reihe von großen Unternehmen in den Bereichen vor allem der Automobilindustrie, der Chemieindustrie, der pharmazeutischen Industrie und in Teilen des Maschinenbaus ist der chinesische Markt mit seiner Größe und Unersättlichkeit das entscheidende unternehmerische Standbein, die entscheidende Quelle der Unternehmensgewinne und die Basis für das Standing im Kapitalmarkt. Mercedes und Volkswagen setzen nirgendwo so viele Autos ab wie in China. Schätzungen gehen davon aus, dass rund die Hälfte des Konzerngewinns von VW aus den Betrieben in China beigesteuert wird. Die BASF plant die größte Auslandsinvestition ihrer Geschichte in China. Das Unternehmen beabsichtigt, zehn Milliarden US-Dollar am Standort Zhanjiang zu investieren.

Der bei Weitem größte Anteil der Medikamente und medizinischen Produkte, die wir Deutsche verbrauchen, wird in China produziert. Wir haben zu Anfang der Pandemie schmerzhaft erlebt, wie schwer es uns fällt, selbst einfache Produkte wie Masken, die vor allem in China gefertigt wurden, zu ersetzen. Während bei uns Knappheit herrschte und in der fatalen Folge Exportverbote gegenüber schwer getroffenen Nachbarstaaten verhängt wurden, betrieb China Corona-Diplomatie und schickte Masken um die Welt. Im Gegenzug verbat man sich Kritik an der verspäteten chinesischen Informationspolitik und mangelhaften Transparenz hinsichtlich des Ursprungs des Virus.

Die strategische Abhängigkeit einzelner Unternehmen vom chinesischen Markt ist die eine Sache. Die andere Sache ist, dass diese Unternehmen strategische Sektoren der deutschen Volkswirtschaft repräsentieren. Damit wird die Abhängigkeit eines einzelnen Unternehmens mindestens zur Gefahr der Abhängigkeit unserer Volkswirtschaft und damit unseres Landes schlechthin. Wie wir mit dieser Ansteckungsgefahr einer strategischen Abhängigkeit umgehen sollen, die in ihrer ökonomischen Bedeutung weit über die Abhängigkeit Deutschlands von russischen Energielieferungen hinausgeht, ist in der deutschen Politik unbeantwortet. China ist der größte

Handelspartner Deutschlands mit einem Volumen von rund 220 Milliarden Euro, was sieben Prozent des gesamten deutschen Handelsvolumens ausmacht.

China beobachtet ganz genau, wie die Europäer im Allgemeinen und die Deutschen im Besonderen auf die russische Aggression in der Ukraine reagieren. Für China ist dabei nicht das Ausmaß der Sanktionen als solche entscheidend und auch nicht die Härte der Wirkung auf Russland. Das entscheidende Kriterium zur Beurteilung der deutschen und europäischen Außenpolitik ist die Bereitschaft, auch eigene ökonomische Nachteile in Kauf zu nehmen, um politische Ziele, wie Frieden und Freiheit in Europa, zu erreichen. China hat längst verstanden, dass geopolitische Stärke sich heute nicht mehr nur in militärischer Macht oder wirtschaftlicher Größe ausdrückt, sondern eine neue Messeinheit hinzugekommen ist: Resilienz. Entscheidend sind die Widerstandsfähigkeit und Leidensbereitschaft der eigenen Gesellschaft gegenüber externen Krisen.

Genau hier zeigt sich aber die weiche Stelle der deutschen Regierungspolitik. Denn sowohl von den europäischen Finanzsanktionen als auch von den Sanktionen in der Realwirtschaft wurde vor allem auf Druck der deutschen Regierung die Lieferung von Gas, Öl und Kohle durch Russland bewusst ausgenommen. Entgegen aller Unrechtmäßigkeit dieses Angriffskrieges, den vielen Toten, den Verheerungen und Zerstörungen und der Kriegsverbrechen, ging die deutsche Politik nicht so weit, auch den Import von Energie zu sanktionieren.

China wird daraus Schlüsse ziehen, was von Deutschen und Europäern zu erwarten ist, falls es zu einem militärischen Konflikt im Südchinesischen Meer oder mit Taiwan kommt. China wird in seine Rechnung einstellen, dass die innere Anteilnahme der deutschen und europäischen Bevölkerung gegenüber einer weit entfernten Region deutlich geringer sein wird als gegenüber der Ukraine. Zudem fällt jedenfalls in Deutschland die ökonomische Abhängigkeit von China unvergleichlich höher aus als die von Russland.

Gleichzeitig bereitet China seine Gesellschaft und Wirtschaft ganz anders auf den Konfliktfall vor, als wir es tun. Mit der Strategie des doppelten Wirtschaftskreislaufs soll das Land gegenüber globalen Krisen und Konflikten widerstandsfähiger werden. Das Konzept sieht vor, dass die Wirtschaft aus einem inneren Kreislauf (Binnenmarkt) und einem äußeren Kreislauf (Außenwirtschaft) bestehen soll. Vor allem die Abhängigkeit von US-amerikanischen Technologieexporten soll reduziert werden. Durch den amerikanischen Exportstopp nach China im Bereich der Halbleiterindustrie, einer Technologie, in der China um Jahre zurückliegt, sieht sich das Land darin bestätigt.

Das Eingebundensein in internationale Lieferketten hat die Wettbewerbsfähigkeit von Unternehmen und den volkswirtschaftlichen Wohlstand gemehrt. Nun erleben alle, dass es gleichzeitig Abhängigkeit und Verwundbarkeit bedeutet. Diese Dimension wird bedeutender werden, weil sie von allen Seiten systematisch im geopolitischen Wettbewerb und mindestens in Konfliktlagen ausgenutzt werden kann. Resilienz ist daher das neue

Paradigma. In China sind infolge des anhaltenden Wohlstandszuwachses, der permanenten Staatspropaganda sowie der Zensur und Unterdrückung jeglicher Kritik Resilienz und Leidensfähigkeit der Bevölkerung relativ hoch einzuschätzen.

Wir Demokratien brauchen auch eine Resilienzstrategie, und zwar eine, die auf der Stärke von Demokratien aufbaut. Ihr Schlüsselelement lautet daher Vertrauen. Vertrauen hat Voraussetzungen, zu denen Kompetenz, Vorbereitung und offene Kommunikation, die die Bürger nicht für dumm hält, zählen. Wenn wir die Dinge einfach und sehenden Auges weiterlaufen lassen, bis der Schaden da ist, wird es sich bitter rächen. Wenn Politiker glauben, den Bürgern den Ernst der Lage vorenthalten zu sollen, weil die Konsequenzen nicht »kommunizierbar« seien, untergräbt es Vertrauen. Und wenn DAX-Unternehmen sich maßgeblich an der Kurzfristigkeit des Kapitalmarkts orientieren, dann ist das zwar grundsätzlich zu verstehen, aber es muss ihnen klar sein, dass die langfristigen strategischen Interessen des Landes etwas anderes sind. Letztere dürfen im langfristigen Interesse der Resilienz unseres Landes nicht einfach außen vor gelassen werden. Wenn das geschähe, dann würde an dem Ast gesägt, auf dem wir alle gemeinsam sitzen.

Pandemie, Klimawandel, Migration

Die geopolitischen Konflikte verschärfen die größten globalen Probleme unserer Zeit, unter ihnen die Pandemie, der Klimawandel und die ungesteuerte Migration. Sie schwächen gleichzeitig die Handlungsfähigkeit derjenigen Staaten und Organisationen, die an der Lösung dieser globalen Probleme arbeiten wollen. Selbst die Pandemie, von der man annehmen sollte, dass sie die Staaten zusammenführt, weil alle in gleicher Weise betroffen sind, hat tendenziell das Gegenteil bewirkt. China ist ohne Zweifel der Entstehungsort der Pandemie. Über die Umstände im Einzelnen herrscht Unklarheit, weil China eine unabhängige und transparente Untersuchung verhindert. Die Forderung Australiens danach wurde von China mit harten Sanktionen gegen Australien belegt. China verweigert eine offene und transparente Kooperation bei der Untersuchung der Entstehung der Pandemie.

Migration ist gerade in jüngster Zeit offen als politische Waffe eingesetzt worden. Wir erinnern uns noch gut, dass der belarussische Diktator Lukaschenko mithilfe seines russischen Amtskollegen Putin systematisch Flüchtlinge unter Vorspiegelung falscher Tatsachen nach Belarus gebracht hat, um sie von dort nach Polen und Litauen zu verbringen, mit dem Ziel, in diesen Gesellschaften Unruhe und Instabilität herbeizuführen. Beide wissen ganz genau, dass unsere empathischen Gesellschaften es nicht lange ertragen, Bilder von frierenden und hungrigen Kindern an europäischen Grenzen zu sehen. Das Dilemma besteht darin, dass wir natürlich das Leid sehen und helfen wollen, uns gleichzeitig als Staat und Gesellschaft aber nicht erpressbar machen dürfen.

Auch hat die russische Kriegsführung in Syrien viele Menschen zur Flucht getrieben. Russland ist militärisch in dem Konflikt in Libyen engagiert, dem Tor Afrikas nach Europa. In jüngerer Zeit ist die russische Söldnertruppe Wagner in Mali im Einsatz und hat es geschafft, dort mit Zustimmung der Putschistenregierung aktiv zu werden, mit der Folge, dass der Präsenz der französischen und anderer europäischer Truppen in Mali die Grundlage entzogen worden ist. Die Instabilität, die mit diesem russischen Einsatz in Mali und damit in der Sahel-Region verbunden ist, dürfte auch bezwecken, neue Flüchtlingsbewegungen auszulösen, um unsere Gesellschaften in Europa zu destabilisieren. Mit den geopolitischen Konflikten sind auch Stellvertreterkriege und Stellvertreterkonflikte verbunden, die sich vor allem in Afrika, im Nahen und Mittleren Osten und auch in Zentralasien und im Kaukasus abspielen. Auch diese Konflikte haben stets das Potenzial, die Menschen, die Opfer der Konflikte werden, in eine Lage zu bringen, in der sie außer der Flucht keinen Ausweg mehr sehen.

Auch die Klimapolitik droht Opfer der geopolitischen Konflikte zu werden. Der mit Abstand größte Emittent weltweit von CO_2 und anderen klimaschädlichen Gasen ist heute mit einem Anteil von nahezu 30 Prozent China. China erkennt durchaus die Menschheitsbedrohung, die im Klimawandel liegt, und auch die Bedrohung der eigenen Entwicklung und der Perspektiven des Landes. Dennoch ist Klimapolitik nur die zweite Priorität chinesischer Politik. Die erste Priorität lautet Machtsicherung. Und Machtsicherung in China ist abhängig von der Gewährleistung von ununterbrochenem Wachstum und steigendem Wohlstand unter der Führung der Kommunistischen Partei. Das kann man als den »Deal« zwischen der Mehrheit der chinesischen Bevölkerung und der kommunistischen Partei- und Staatsführung bezeichnen.

Unter diesem Zwang zum Wachstum ist China noch für lange Zeit auf fossile Energien angewiesen. In China nimmt die Zahl der Kohlekraftwerke zu, es baut und plant neue. Der Energiehunger des Landes ist gigantisch. Mit der zunehmenden systemischen geopolitischen Konfliktlage, die auch die Handels- und Wirtschaftsbeziehungen und möglicherweise sogar das globale Wirtschaftswachstum beeinträchtigen wird, entsteht für China noch mehr Druck, das Wachstumsziel zu erreichen, das für den Machterhalt der Kommunistischen Partei essenziell ist. Dem muss sich alles andere unterordnen. Die Stabilisierung und Verteidigung der Macht im Innern und die Ausdehnung der Macht nach außen sind prioritär und werden die chinesische Führung sehr wahrscheinlich zu Abstrichen in ihrer Klimapolitik führen.

Der russische Angriffskrieg in der Ukraine hat für die Europäer eine zweischneidige energiepolitische Reaktion zur Folge, die kurzfristig deutlich anders ausfallen dürfte als in der mittel- und langfristigen Perspektive. Uns Europäern ist die Abhängigkeit von russischem Gas, Öl und von russischer Kohle schmerzhaft ins Bewusstsein getreten. Vor allem Erdgas wurde als Brücke in die erneuerbare Zukunft als Teil der deutschen Energie- und Klimapolitik angesehen. Kurzfristig jedoch ist es von überragendem Interesse, dass Deutschland und Europa alles Mögliche dafür tun, das Morden und die Zerstörungen durch den russischen Angriffskrieg in der Ukraine zu beenden. Deshalb haben die EU, USA, Kanada und weitere Staaten in großem Umfang finanzielle und wirtschaftliche Sanktionen gegen Russland verhängt. Unabhängig von Sanktionen besteht Einigkeit, die Abhängigkeit von Energie aus Russland zu beseitigen.

Es ist also unumgänglich, die Importe aus Russland zu einem kleineren Teil durch Effizienz und Einsparungen und zum größeren Teil durch eine höhere Energieproduktion im Bereich der erneuerbaren Energien und durch anderweitige Energieimporte zu ersetzen. In diesem Rahmen wird es sich wahrscheinlich als nötig erweisen, den drei noch in Betrieb befindlichen deutschen Kernkraftwerken, die immerhin gut zehn Prozent der Stromerzeugung abdecken, eine Laufzeitverlängerung von etwa fünf Jahren zu gewähren. Außerdem wird es vorübergehend geboten sein, die wegfallenden Gaslieferungen durch den wieder verstärkten Einsatz von Kohlekraftwerken, die allerdings mehr CO_2 emittieren, zu ersetzen. Die Beendigung des Krieges in Europa und der Stopp von massenhaftem Sterben durch einen Angriffskrieg müssen Priorität haben gegenüber diesen bedeutsamen Zielen der deutschen Energie- und Klimapolitik.

Denn wenn es uns nicht gelingt, Putin zu stoppen, wird seine Methode – politische Ziele mit Krieg durchzusetzen – in Europa und global Schule machen, und wir werden in einer neuen Welt der Kriege enden. In einer solchen Welt würden durch Verteidigung und Sicherheit alle anderen Ziele langfristig an den Rand gedrängt werden, und internationale Kooperation zur Lösung globaler Probleme wie des Klimawandels wäre erheblich eingeschränkt.

Aber wenn wir Putin stoppen, besteht die Möglichkeit, genau den gegenteiligen Weg zu gehen. Und zwar schneller als geplant infolge des bewusstseinsverändernden Erlebnisses unserer gefährlichen Abhängigkeit von den fossilen Rohstoffen. Die Abhängigkeit von Energien aus Russland muss uns dazu bringen, die Transformation in die klimaneutrale Energieversorgung zu forcieren. Wir brauchen dafür in erheblich beschleunigt und in erheblichem Umfang den Ausbau der erneuerbaren Energiequellen und den Ausbau von Leitungen und der dezentralen Infrastruktur, die eine auf erneuerbaren Energien beruhende Energieversorgung voraussetzt. Dafür müssen grundlegende Strukturen verändert und vor allem die kaum mehr beherrschbare rechtliche Komplexität von Genehmigungsverfahren reduziert werden, die sich als Hemmnis für die Umstellung des Energiesystems erwiesen hat. Dieses ist ein technisch und politisch äußerst anspruchsvolles Unterfangen. Aber wir müssen es wagen, denn sonst wird die Energie- und Klimatransformation im Dschungel unserer rechtlichen und bürokratischen Komplexität stecken bleiben.

III.
DIE URSACHEN

Welche Schuld trägt der Westen?

Die Welt befindet sich im Chaos. An allen Ecken und Enden brechen sicher geglaubte Strukturen weg. Welche Rolle hat hierbei der Westen gespielt, welche Verantwortung oder gar Schuld trägt der Westen an dieser Entwicklung? Hat der Westen, haben wir versagt?

Natürlich lässt sich diese Frage nicht für alle hier behandelten Themenkomplexe in gleicher Weise beantworten, aber das grundsätzliche Problem des Westens kann doch vor allem am Beispiel Russlands gut dargestellt werden.

Auch wenn unbestreitbar ist, dass der Angriffskrieg Russlands gegen die Ukraine in der alleinigen und unentschuldbaren Verantwortung des russischen Präsidenten liegt, so wurde und wird doch immer wieder die Frage aufgeworfen, ob der Westen eine Mitverantwortung dafür trage, dass Wladimir Putin sich zu diesem Schritt entschlossen hat. Manche sehen ein Versagen des Westens darin, dass wir durch anhaltende Naivität, Unentschlossenheit und Inkonsequenz gegenüber der aggressiven russischen Außenpolitik Putin in dem Glauben bestärkt haben, ein Angriffskrieg gegen die Ukraine als ganzes

Land bliebe für ihn am Ende ohne ernst zu nehmende Konsequenzen. Der Westen würde zwar mit Empörung reagieren, aber in den Maßnahmen unentschlossen und schwach bleiben und sich nach Ablauf einer Zeit mit der neuen Realität arrangieren, so die Lesart.

Nach anderer Ansicht ist die NATO durch ihre Osterweiterung Russland in einer bedrohlichen Weise näher gerückt. Die NATO gefährde dadurch die legitimen Sicherheitsinteressen Russlands, wie Wladimir Putin selbst immer wieder reklamiert hat.

Schließlich könnte man gerade auch in der Kombination von bedrohlichem Verhalten der NATO einerseits und Unentschlossenheit der NATO-Staaten gegenüber den Aggressionen Russlands andererseits ein Verhalten sehen, dass Putin Grund gegeben hat, den Krieg gegen die Ukraine zu beginnen. Folgt man dieser Sichtweise, hat Putin unsere Schwäche als Chance genutzt, seine Interessen durchzusetzen und in der Ukraine Fakten zu schaffen. Was ist dran an diesen Erzählungen von der Schuld des Westens?

Zunächst zu den historischen Fakten der sogenannten NATO-Osterweiterung: 1999 traten Polen, Tschechien und Ungarn der NATO bei, in dem großen Paket im Jahre 2004 waren es Bulgarien, Estland, Lettland, Litauen, Rumänien, die Slowakei und Slowenien. 2009 folgten Albanien und Kroatien, 2017 Montenegro, und 2020 wurde Nordmazedonien das 30. Mitglied der NATO. Nach meiner Meinung ist der Vorwurf, die NATO habe durch diesen Erweiterungsprozess eine – objektive oder auch nur subjektiv empfundene – Bedrohungslage für Russland herbeigeführt, die glatte Umkehrung der politischen Realitäten, die diesem Prozess zugrunde liegen.

Diese Erweiterungen haben ihren Grund nicht in irgendeinem Ausdehnungsbedürfnis der NATO. Die Wahrheit ist vielmehr die, dass jedes einzelne der neuen Mitglieder erstens freiwillig und zweitens aus einem ganz bestimmten Schutz- und Beistandsbedürfnis sich der NATO als Verteidigungsbündnis angeschlossen hat. Die Staaten haben Schutz vor Russland gesucht! Dieser Schutz kommt in der gegenwärtigen Lage zum Beispiel den drei kleinen baltischen Staaten zugute. Jede einzelne dieser ehemaligen Sowjetrepubliken kann sich heute darauf verlassen, dass, falls Putin das Land angreifen sollte, so wie er die Ukraine mit Krieg überzogen hat, der Bündnisfall des NATO-Vertrages greifen und Russland sich gleichzeitig mit den anderen 29 Mitgliedstaaten der NATO im Krieg befinden würde.

Die NATO-Mitgliedschaft der osteuropäischen Staaten, die ihren freiwilligen Grund allein im Schutz vor Russland hat, als Bedrohung Russlands zu bezeichnen und zu diffamieren, ist darum nichts anderes als russische Propaganda, die darin besteht, Russland, den Aggressor, als Opfer zu porträtieren. Russland weiß, dass es sich bei der NATO um ein Verteidigungsbündnis handelt. Anders als Russland hat die NATO ihren Nachbarstaaten nie auch nur den geringsten Anlass gegeben, sich bedroht zu fühlen. Dass Russland zu dieser Propaganda greift, mag man verstehen. Aber in welcher Breite und von wem alles diese Propaganda in Deutschland mitgetragen wurde, hat mich schon seit langer Zeit entsetzt. Manche mögen das für

Geld gemacht haben. Bei anderen habe ich mich öfter gefragt, wie herzhaft man im Kreml und in den Geheimdienstzentralen Moskaus über diese nützlichen Idioten Moskaus gelacht haben wird.

Was die NATO-Mitgliedschaft anbelangt, muss im Hinblick auf die Ukraine und Georgien auf den berühmt gewordenen NATO-Gipfel im Jahre 2008 in Bukarest gesondert eingegangen werden. Auf diesem Gipfel kam es zum Streit unter den NATO-Mitgliedern darüber, ob die beiden Staaten auch in die NATO aufgenommen werden sollten. Letzteres war der vehement betriebene Vorschlag des damaligen amerikanischen Präsidenten George W. Bush. Die führenden Vertreter der Gegenposition waren die deutsche Bundeskanzlerin Angela Merkel und der französische Staatspräsident Nicolas Sarkozy.

Das Argument Bushs war, dass auch diese Staaten ein Schutzbedürfnis gegenüber Russland hätten, das ihnen nicht abzusprechen sei. Deutschland und Frankreich sowie andere Staaten waren der Auffassung, dass dies von Russland als Provokation angesehen werde und darum zu gefährlich sei. Der Kompromiss bestand am Ende in der Beschlussformulierung, dass »diese Länder Mitglieder der NATO werden«, aber aus diesem Status ist bis zum heutigen Tag nichts gefolgt. Schon zu einem sogenannten Mitgliedschaftsaktionsplan (Membership Action Plan) ist es für die Ukraine und für Georgien nie gekommen.

War dieses Vorgehen nun ein Fehler? Ich glaube, ja – und zwar in der Politik von George W. Bush. Zwar wäre auch die Mitgliedschaft dieser Staaten selbstverständlich objektiv keine Bedrohung für Russland gewesen, eben weil die NATO ein Verteidigungsbündnis ist. Aber die NATO-Mitgliedschaft der zwei westlichen Nachbarstaaten Russlands wäre mehr gewesen, als Putin vor allem innenpolitisch damals hätte schlucken können – also eben eine Provokation, die ihn überfordert hätte und von der wir nicht wissen, zu welcher aggressiven Reaktion Russlands sie geführt hätte. Es ist bemerkenswert, dass der amerikanische Präsident George W. Bush seine Entscheidung gegen den Rat seiner damaligen Russland-Beraterin getroffen hat. Fiona Hill, eine der besten Kennerinnen Russlands, hat dies jüngst in einem Interview in der New York Times selbst so dargestellt.

Rückblickend muss man daher sagen, dass der Westen mit der Entscheidung, die beiden Staaten nicht in die NATO aufzunehmen und ihnen stattdessen auf unbestimmte Zeit nur eine Aussicht auf Mitgliedschaft zu verleihen, doppelt falsch gehandelt hat. Für die Ukraine und Georgien beinhaltete dieser Kompromiss das schlechteste beider Welten: Putin verstand ihr Streben nach Mitgliedschaft in der NATO auch so als Provokation. Sein Einfluss auf die westlichen Nachbarn, die er als Teil eines russischen Reiches begreift und nicht als unabhängige Staaten, schien weiter zu bröckeln. Gleichzeitig hatte der Kandidatenstatus keinen abschreckenden Effekt auf Moskau. Ein Angriff auf die Ukraine oder Georgien wäre genau das: ein Angriff auf diese Staaten, nicht auf NATO-Bündnisgebiet.

Die Reaktion Putins auf die Entscheidung der NATO erfolgte für das kleine Georgien noch im Jahr 2008. Putin nutzte das unglückliche Agieren des damaligen georgischen Präsidenten Saakaschwili aus und führte den Georgienkrieg. Bis zum heutigen Tag sind die Regionen Abchasien und Südossetien von russischen Truppen besetzt. Die Georgier machten eine bittere Erfahrung. Der Westen und die USA im Besonderen taten nichts. Putin hat damit Georgien seither in einen militärischen Dauerkonflikt verstrickt, der nach den Regeln der NATO eine Mitgliedschaft ausschließt.

Dass der Westen auf die aggressive russische Außenpolitik mit Unklarheit, Unentschlossenheit und Inkonsequenz reagiert hat, ist anders als die Bedrohungslegende Russlands durch die NATO leider ein Teil der Wirklichkeit gewesen. So verhöhnte der damalige amerikanische Präsident Barack Obama als Reaktion auf die russische Annexion der Krim im Jahre 2014 Russland als Regionalmacht, die aus Schwäche handle, aber amerikanische Interessen nicht gefährden könne. Diese internationale Demütigung dürfte den russischen Präsidenten Putin angespornt haben, die USA eines Besseren zu belehren. Man muss leider konstatieren, dass er – angefangen von seiner von Kriegsverbrechen begleiteten militärischen Interventionspolitik in Syrien bis hin zu dem Krieg gegen die Ukraine – den Gegenbeweis erfolgreich geführt hat, dass er nämlich in der Lage ist, amerikanische geostrategische Interessen zu beeinträchtigen.

Die EU sowie die USA beschlossen als Reaktion auf die Annexion der Krim erhebliche Sanktionen gegen Russland, die dann aber wiederum nicht so konsequent ausgestaltet waren, dass sie den Aggressor dauerhaft in Bedrängnis brachten. Die deutsche Bundesregierung, die im

Jahr 2014 eine führende Rolle in der Politik der Sanktionen gegen Russland eingenommen hatte, entschied dann 2015, also nur ein Jahr nach der Annexion der Krim, gegen den Protest unserer osteuropäischen Nachbarstaaten sowie unter Ablehnung der Europäischen Kommission und der USA, das im Interesse Russlands liegende geopolitische Projekt Nord Stream 2 zu unterstützen.

Dass die gesamte Amtszeit Donald Trumps ein einziger Beitrag dazu war, dass der Westen führungslos, leicht zu spalten und damit schwach war, muss nur kurz erwähnt werden. Aber auch die Europäer waren gegenüber Russland vor allem eins: dissonant. So hat der französische Staatspräsident Macron relativ rasch nach seiner Wahl zum Staatspräsidenten einen nach eigenen Worten »strategischen Dialog« mit dem russischen Präsidenten entwickelt, für den es niemals so etwas wie ein europäisches Mandat gegeben hat und der nun durch den Krieg in der Ukraine sich als das offenbart, was er von Anfang an war: eine Illusion. Nimmt man Macrons vernichtende Aussagen zum Zustand der NATO, die er öffentlich als »hirntot« bezeichnete, hinzu, dann überrascht es nicht, dass Europa und der Westen insgesamt keine sehr abschreckende Wirkung auf Putin entfaltet haben. Der ungarische Staatspräsident Orbán suchte bewusst die Nähe zu Putin. Aber auch Italien hat sich aus wirtschaftlichen Gründen um ein gutes Verhältnis zu Russland bemüht. Eine ganz andere Politik der permanenten Warnung vor den aggressiven Ambitionen Putins haben bekanntlich Polen, die baltischen Staaten und andere mittel- und osteuropäische Staaten vertreten.

Die Unklarheit, Unentschlossenheit und Inkonsequenz des Westens gegenüber der russischen Politik in den vergangenen Jahren entschuldigt und rechtfertigt nichts von dem, was diese an völkerrechtswidrigen und aggressiven Maßnahmen zu verantworten hat. Aber sie stellen eine erhebliche Schwäche des Westens dar. Es bleibt hypothetisch, was eine konsequente Abschreckungspolitik und die Einigkeit des Westens gegenüber Putin hätten ausrichten und vielleicht vermeiden können. Aber allein die Möglichkeit, dass es die Hölle auf Erden, wie Putin sie nun in der Ukraine geschaffen hat, vielleicht nicht gegeben hätte, ist bedrückend.

Als Antwort auf die Frage, ob ein Versagen des Westens sich in einer Selbstschwächung bis heute auswirkt, gilt es noch einen weiteren historischen Sachverhalt kurz zu beleuchten. Ich meine damit den »War on Terror«, den Präsident George W. Bush als Antwort auf die Anschläge vom 11. September 2001 ausgerufen und der 2003 unter anderem zum Krieg einer von den USA angeführten Koalition gegen den Irak geführt hat. Es ist inzwischen unstrittig, dass dieser Krieg auf einer Lüge beruhte, nämlich auf der Behauptung, dass der Irak unter Saddam Hussein über Massenvernichtungswaffen verfüge.

Dieser völkerrechtswidrige Krieg, den ich für die größte Fehlentscheidung der amerikanischen Außenpolitik seit dem Vietnamkrieg halte, hat eine weitreichende innenpolitische und außenpolitische Delegitimierung amerikanischer Politik bewirkt. Der Irakkrieg stellt historisch die ultimative Überdehnung der Politik des liberalen

Interventionismus mit dem Ziel des Regime Change in anderen Staaten dar, der zum Bruch und Scheitern des gesamten Ansatzes führte. Innenpolitisch war dieser Krieg nicht nur eine moralische Überdehnung, sondern ging mit einer Überdehnung der finanziellen Ressourcen der USA einher und führte zu einer Vernachlässigung zahlreicher innerer, sozialer, infrastruktureller und wirtschaftlicher Bedürfnisse im Land. Dies bekamen viele Menschen in ihrem alltäglichen Leben zu spüren, und es dürfte die verbreitete Stimmung im Land, von »Washington« in den persönlichen und wirtschaftlichen Nöten im Stich gelassen zu werden, erheblich verstärkt haben.

Außenpolitisch hat der Irakkrieg die Legitimation des Westens und allen voran der USA in dem Systemkonflikt mit autoritären Staaten beschädigt. Denn im absoluten Kern geht es bei diesem Systemkonflikt um die Alternative des Rechts gegenüber den Machtinteressen einzelner Staaten als Leitprinzip internationaler Ordnung. Dieser Konflikt bleibt bestehen, und die Verletzung des Rechts im Einzelfall, so schwerwiegend sie auch sein mag, bleibt etwas gänzlich anderes als der Anspruch, das Recht als Prinzip der internationalen Ordnung abschaffen zu wollen. Aber die Hybris, die in diesem Krieg lag, hat vor allem den USA in ihrem Anspruch und in ihrer Fähigkeit, internationale Ordnung zu gestalten, erheblich geschadet.

Wenn man diese beiden zentralen Felder westlicher Außenpolitik der letzten 20 Jahre im Hinblick darauf bilanziert, wie sie zur Stabilität oder Instabilität der internationalen Ordnung beigetragen haben, kommt man zu einem ernüchternden Ergebnis. Der aggressiven Politik

Putins und der gezielten Unterwanderung der gemeinsamen Ordnung hat der Westen sich nicht entschieden genug entgegengestellt. Die Politik des Westens war vielmehr durch Unklarheit, Unentschlossenheit und Inkonsequenz geprägt. Welche Wirkung eine entschiedene Politik der Abschreckung gegenüber Russland gehabt hätte, bleibt eine hypothetische Frage.

Durch den Irakkrieg ist der Westen vor allem in Gestalt der USA seinem eigenen Anspruch als Ordnungsmacht nicht gerecht geworden, im Gegenteil, das gegenwärtige Chaos im Nahen und Mittleren Osten hat viel damit zu tun. Durch diesen illegalen und illegitimen Krieg wurde viel an Vertrauen, Autorität und Legitimation verspielt.

Europas verpasste Stunde

Seit vielen Jahren wird diskutiert, dass die Auflösung von internationaler Ordnung und die zunehmenden geopolitischen Konflikte geradezu die Notwendigkeit begründen, dass die Europäische Union auch ein Akteur nach außen wird. In der außenpolitischen Diskussion wird weithin die Einsicht geteilt, dass die einzelnen europäischen Nationalstaaten jeweils zu klein und zu schwach sind, um unsere gemeinsamen europäischen Interessen auf der internationalen Bühne wirksam zu vertreten.

Die Europäische Union ist ein historisch einmaliger Erfolg der Wahrung und Förderung von Frieden, Wohlstand und Freiheit im Innern. Diesen Erfolg Europas brauchen wir nun auch mit der EU als Außenprojekt. In all den Bereichen, in denen der europäische Nationalstaat überfordert ist, die einzelnen und gemeinsamen Interessen wirksam zu vertreten, brauchen wir die EU als unseren Vertreter europäischer Interessen in der Welt. Das wäre die Stunde Europas. Die Lage, in der wir sind, hätte die Stunde Europas werden müssen. Aber die Realität ist eine andere.

Seit geraumer Zeit ist die Europäische Union im Innern so uneinig und so gespalten wie nie seit den Römischen

Verträgen 1957. Bis in die unmittelbare Phase vor Kriegsbeginn haben sich die europäischen Regierungschefs so disparat und einzeln agierend gezeigt, dass es geradezu eine Demonstration europäischer Ohnmacht war. Nacheinander nahmen sie an dem absurden Theater des russischen Präsidenten teil und versuchten mit gutem Willen, den russischen Präsidenten auf den rechten Weg zu führen. Allein, Putin hatte alle seine Entscheidungen schon lange getroffen und in die Wege geleitet. Unsere Erdgasspeicher, allen voran der von Gazprom betriebene, waren fast leer, und seine invasionsfähige Armee hatte rund um die Ukraine Aufstellung genommen. Es konnte auch kein Zweifel daran bestehen, dass der russische Präsident niemals erwogen hat, einen europäischen Regierungschef als Gesprächspartner darüber ernst zu nehmen, ob er seine imperialen Machtansprüche verfolgen werde oder nicht. Das sichtbare Ziel und ein Erfolg der Außenpolitik Wladimir Putins bestehen vielmehr seit Jahren darin, als Gesprächspartner auf Augenhöhe allein mit dem amerikanischen Präsidenten zu kommunizieren.

Der Europäischen Union ist für ihre innere Verfassung der Uneinigkeit und der daraus resultierenden Schwäche nur sehr eingeschränkt ein Vorwurf zu machen. Denn die EU kann im Grundsatz nicht einiger sein, als es ihre Regierungschefs und unsere Gesellschaften im Innern sind.

Alle europäischen Gesellschaften wie alle demokratischen Gesellschaften unserer Zeit leiden unter gewaltigen inneren Erschütterungen als Folge der Veränderungen und damit einhergehenden Unsicherheiten im individuellen, gesellschaftlichen und wirtschaftlichen Leben. Es sind vor allen Dingen die technologische Revolution, vor allem die Digitalisierung, die jeden Lebensbereich erfasst, sowie die geopolitische Revolution, die in der Auflösung internationaler Ordnung liegt, die in unseren Gesellschaften alles durcheinanderwirbeln.

So vieles von dem, was früher Stabilität generiert hat, ist ins Wanken geraten. Sicherheiten und Verlässlichkeit gibt es so gut wie nicht mehr. Dieser Befund zieht sich durch alle demokratischen Gesellschaften des normativen Westens, auch wenn die Symptome unterschiedlich sind. Einmal heißt das Symptom Donald Trump, das andere Mal heißt das Symptom Brexit. Die Symptome unterscheiden sich je nach Geschichte und Eigenart von Gesellschaften. Aber das zugrunde liegende Phänomen ist stets dasselbe. Die gesellschaftliche und politische Mitte gerät unter Druck, ja erodiert. Populistische Bewegungen haben Zulauf.

Wir erleben eine Zeit der nervösen Verunsicherung. Dass sich unter solchen Umständen auch die parteipolitischen Landschaften und die innere politische Verfassung verändern, ist nicht überraschend. Es entstehen Parteien, die sich die verbreitete Angst in der Gesellschaft zunutze machen und die Angst zum politischen Geschäftsmodell ihrer Politik entwickeln. Ganz konsequent praktiziert dies Viktor Orbán, den ich nicht für einen Ideologen, sondern für einen skrupellosen Machtpolitiker halte. Er erkennt und instrumentalisiert die Angst vor den Fremden, vor den Flüchtlingen ebenso wie vor der anonymen Macht

Europas, um auf diese Weise Zustimmung in der Bevölkerung zu erhalten.

Die gesellschaftlichen Risse sind in allen demokratischen Gesellschaften und in allen Gesellschaften in der EU zu beobachten. Dass unter diesen gesellschaftlichen und innenpolitischen Bedingungen sowohl die Fähigkeit als auch der Wille von europäischen Regierungen extrem eingeschränkt ist, auf europäischer Ebene zu gemeinsamen, vernünftigen, nach vorne schreitenden Lösungen zu kommen, ist nicht verwunderlich und gleichwohl für unsere Handlungsfähigkeit ein enormes Problem.

Im Zuge dieser inneren Verwerfungen haben sich in der Europäischen Union zwei Trennungslinien entwickelt – die eine zwischen Ost und West und die andere zwischen Nord und Süd. In der Auseinandersetzung zwischen Ost und West, zwischen der Mehrheit der EU auf der einen Seite und Staaten wie Ungarn und Polen auf der anderen Seite, ging es vordergründig um den Umgang mit Flüchtlingen aus Syrien, Afghanistan und dem Irak, tatsächlich jedoch geht es um das normative politische Selbstverständnis der EU. Oder, wie es Viktor Orbán einmal ausgedrückt hat, um den Gegensatz zwischen liberaler Demokratie und illiberaler Demokratie.

Dabei ist völlig klar, was die Europäische Union historisch, philosophisch und rechtlich ist: eine besondere politische Verkörperung der Ideen von Demokratie, Freiheit und Rechtsstaatlichkeit. Ein Europa der illiberalen Demokratie gibt es nicht, und wer es fordert, fordert nicht weniger als die Abschaffung Europas. Das alles weiß auch Viktor Orbán. Wir dürfen nicht vergessen: Es geht ihm um seinen machtpolitischen Kampf. Aber er führt ihn wie auch die polnische Regierungspartei PiS als eine Auseinandersetzung um das grundlegende normative Selbstverständnis der EU. Hier kann es keine Kompromisse geben, und darum führt diese Auseinandersetzung die EU in eine Sackgasse und in einen Zustand der Paralyse und Schwächung.

Der andere Gegensatz verläuft zwischen Nord und Süd und geht um die Frage des wirtschaftlichen und sozialen Selbstverständnisses Europas. Bildet die gemeinsame Verschuldung für europäische Zwecke tatsächlich das neue Gründungsmoment der europäischen Integration, wie es Bundeskanzler Scholz früher einmal formuliert hat, oder soll es bei dem Thema Verschuldung bei der demokratisch kontrollierten nationalstaatlichen Verantwortung bleiben? Und sind haushaltspolitische Zurückhaltung und Sparsamkeit auch wirtschaftspolitisch das Gebot der Stunde oder vielmehr verantwortungslose Investitions- und damit Zukunftsverweigerung? Auch dies ist eine fundamentale Auseinandersetzung, die unter dem enormen Druck der Pandemie mit der Schaffung des schuldenfinanzierten Wiederaufbaufonds eine beachtliche Fortentwicklung und einen für alle tragfähigen Kompromiss gefunden hat. Die Diskussion aber, ob dies ein einmaliger Ausnahmefall war oder ein Beispiel, das zur Methode fortentwickelt werden soll, dauert an und ist ungelöst.

Es gibt also gegenwärtig nicht einmal einen Konsens darüber, was die Europäische Union aktuell ist, geschweige denn darüber, was sie sein solle und wie sie sich grundlegend fortentwickeln müsse. Dieser grundlegende Dissens hat zu der Paralyse geführt, die mindestens bis zum Krieg Russlands in der EU mehr oder weniger vorherrschend war.

Deutschlands Fehler

Selbstverständlich ist das, was ich als gesellschaftliche und psychologische Lage in den demokratischen Gesellschaften des Westens beschrieben habe, auch in Deutschland zu beobachten. Wir alle kennen die Symptome, die sich damit verbinden. Aber über Deutschland und unseren besonderen Beitrag dazu, dass wir in so vielfältiger Weise den modernen Herausforderungen hilflos gegenüberstehen, ist mehr zu sagen.

Das ist vor allem deshalb so, weil wir als das größte Land der Europäischen Union, die mit Abstand größte Volkswirtschaft in der EU und die viertgrößte Volkswirtschaft überhaupt, als stabile Demokratie und hochangesehenes Land in der Welt über enorme Möglichkeiten und damit über eine große Verantwortung verfügen, in unsicheren und offenen Zeiten einen eigenen politischen Gestaltungsbeitrag zu leisten.

Aber Deutschland hat in der Vergangenheit bewusst den bequemen Weg gewählt. Alles das, was hier als Zustand von Hilflosigkeit beschrieben worden ist, war und ist sichtbar. Ich habe keine Geheimnisse ausgebreitet. Ich werde oft von ausländischen Gesprächspartnern gefragt: Habt ihr es nicht gesehen? Und ich antworte stets: Doch. Es war und ist unübersehbar, und wir haben es gesehen.

Aber wir haben entschieden, es nicht sehen zu wollen. Denn die Realität und die Abhängigkeiten, in die wir uns begeben haben, anzuerkennen und anzunehmen, hätte bedeutet, zu grundlegender Veränderung in der Politik des Landes bereit zu sein. Es hätte das geschehen müssen, was nun unter dem Druck des Krieges in der Ukraine als »Politik der Zeitenwende« immerhin angekündigt wurde: eine grundlegende Überholung unserer Verteidigungs- und Sicherheitspolitik, eine grundlegende neue Ausrichtung unserer Energiepolitik und ein ganz anderes außenpolitisches Verständnis von uns, von Europa und unserer Rolle und den Notwendigkeiten des Handelns in der Welt.

Schon lange war klar, dass wir der international immer stärker werdenden Konfrontation eine Politik der Vorausschau, Initiative, Resilienz und Robustheit entgegensetzen müssen, um die eigenen Bürger im Konfliktfall schützen zu können. Eine solche Außenpolitik diente gleichzeitig der Stärkung und der Akzeptanz unserer Demokratie im Innern. Denn die Kernerwartung der Bürger an ihren Staat besteht im Schutz ihrer Freiheit und Sicherheit. Die Politik, die den Staat auf neue Realitäten vorbereitet, investiert in die wichtigste Währung in einer Krise: Vertrauen. Wir haben die Bequemlichkeit und ihre Verteidigung der Realität und den unausweichlichen Veränderungsnotwendigkeiten, die in ihr liegen, vorgezogen. Der Veränderungsnotwendigkeit konnten wir dadurch nicht entfliehen. Im Gegenteil: Wir haben uns in der Abwehr von Gefahren und der vorbeugenden Gestaltung der Verhältnisse schwächer gemacht.

Die Verweigerung auch nur der Diskussion über das, was absehbar dieses Jahrzehnt ausmachen wird, hat ihren Ausdruck im letzten Bundestagswahlkampf gefunden. In Erinnerung ist die Debatte der Kanzlerkandidaten im Fernsehen, in der Begriffe wie NATO oder auch China und USA, überhaupt die gesamte sicherheits- und außenpolitische Themenstellung, schlicht außen vor geblieben sind. Dieses Triell im öffentlich-rechtlichen Fernsehen bleibt ein Dokument der Ignoranz gegenüber dem, was heute unseren Alltag und die politische Agenda ausmacht und sicher in diesem Jahrzehnt bleiben wird. Zur Fairness gehört, zu sagen, dass die Wahlkampfführungen aller Parteien im letzten Bundestagswahlkampf den Bereich Außen- und Sicherheitspolitik ausgeblendet haben.

All dies ist Ausdruck des – historisch widerlegten – Reflexes, dass mit Außenpolitik keine Wahlen zu gewinnen seien. Dem liegt die Annahme zugrunde, die Menschen in diesem Land würden sich für das, was in der Welt passiert, nicht interessieren. Das war und ist falsch. In unseren Parteien wird heutzutage – im Gegensatz zu den Zeiten von Adenauer, Brandt, Schmidt, Strauß und Kohl – auf dramatische Weise und mit weitreichenden Konsequenzen die eigene Bevölkerung und deren Bereitschaft unterschätzt, sich mit größeren Zusammenhängen auseinanderzusetzen.

Ich kann das große Interesse quer durch die Bevölkerung an diesen Fragen in vielen Jahren der politischen Arbeit und außenpolitischen Diskussionen bestätigen. Gerade in den letzten Jahren ist mir nie Desinteresse oder Ignoranz entgegengeschlagen, sondern ein großes Verlangen, diese Fragen zu diskutieren und Positionen zu entwickeln. Im Bundestagswahlkampf hat die Menschen das grausame Schicksal der Afghanen umgetrieben, die wir nach 20 Jahren NATO- und Bundeswehreinsatz im Stich gelassen haben, und die Frage, wie es dazu kommen konnte. Ich erinnere mich, dass wir bei Regen in Schöneberg einen ganzen Biergarten gefüllt haben, weil die Bürgerinnen und Bürger verstehen wollten, wie es so weit kommen konnte.

Die Bevölkerung ist nicht bereit, sich mit der Ohnmacht Deutschlands und ganz Europas abzufinden. Auch bei den Ortskräften, die unseren Einsatz in Afghanistan erst ermöglicht haben, haben wir zu spät gehandelt. Unsere Vorschriften waren zu bürokratisch und unser Handeln zu langsam. In der Konsequenz haben es viele nicht rechtzeitig geschafft, vor dem Terror der Taliban zu fliehen und haben in Deutschland keinen Schutz gefunden, obwohl wir ihnen dies schuldig gewesen sind. Wir haben wieder nur reagiert und das zu spät, statt vorausschauend Entscheidungen zu treffen und diese dann konsequent umzusetzen.

Aufs Engste verbunden mit den öffentlichen Verdrängungsmechanismen ist ein weiteres Phänomen, das Deutschland von anderen Staaten in Europa und von den USA unterscheidet. Wir haben in den vergangenen Jahrzehnten, vielleicht seit dem Ende des Kalten Krieges, sowohl intellektuell wie institutionell unsere Fähigkeit zu strategischem politischem Denken verloren. Die politische Gestaltung in Deutschland findet nur für den

Augenblick statt. Grundlegende Fragen der Veränderung in unserer Umgebung oder auch der gesellschaftlichen, inneren Verhältnisse werden nicht daraufhin reflektiert, ob daraus ein neuer strategischer Ansatz zur politischen Gestaltung abgeleitet werden müsse. Solche Diskussionen gibt es in bestimmten kleinen Zirkeln. Auch die Landschaft der außenpolitischen Thinktanks hat sich vor allem in Berlin in den letzten Jahren sehr entwickelt. Diese bieten Foren und Möglichkeiten der inhaltlichen und strategischen außenpolitischen Debatte. Ich denke, man kann sogar einen beachtlichen Konsens unter den Teilnehmern darüber feststellen, was von Deutschland und Europa verlangt und erwartet werden muss.

Allerdings schafft es diese Debatte nicht in die Institutionen der Regierung, von der auf dem Gebiet der Außenpolitik die entscheidenden Initiativen ausgehen müssen. Beispiele gibt es genug: von Nord Stream 2 als einem Projekt innereuropäischer Spaltung über eine unzulängliche Einsatzfähigkeit der Bundeswehr bis hin zu einer Außenpolitik, die vor allem in innenpolitischer Kommunikation und dem Gebrauch der immer gleichen wohlklingenden Vokabeln von Dialog und Diplomatie lebte.

Der Verlust strategischen politischen Denkens vor allem im Bereich der Administration verbindet sich auf geradezu tragische Weise mit einer Organisation von Regierung und Verwaltung in Deutschland, die im letzten Jahrhundert stecken geblieben ist. Es ist beschämend für uns, wie geräuschlos und geschmeidig die polnische Regierung die Registrierung von fast zwei Millionen Flüchtlingen aus der Ukraine und den Verbleib von

1,2 Millionen in Polen innerhalb von drei Wochen (!) organisiert hat. Die polnische Regierung hatte mindestens mit der Möglichkeit des Krieges gerechnet und ihre Vorbereitungen so getroffen, dass am 24. Februar 2022, in der Nacht hatte der russische Überfall auf die Ukraine begonnen, um 10 Uhr die erste Aufnahmeeinrichtung für Flüchtlinge einsatzfähig war. Deutschland rieb sich zu diesem Zeitpunkt noch die Augen.

Die Kennzeichen der politischen und staatlichen Herausforderungen heute lauten Transformation und Disruption. Um diesen Phänomenen und Herausforderungen gerecht zu werden, braucht es ganz neue Qualitäten, wie Vernetzung, Interdisziplinarität, Kreativität und Flexibilität. All dies ist im legalistischen staatlichen Handeln Deutschlands auf den unterschiedlichen Ebenen bis hin zur Aufrechterhaltung eines rigorosen Ressortprinzips, das versucht, die Welt immer noch in die Zuständigkeiten von einzelnen Ministerien einzuteilen, nicht vorgesehen.

In der Konsequenz laufen wir Entwicklungen hinterher, anstatt sie frühzeitig zu erkennen und zu agieren, bevor das Problem vor unserer Haustür steht. Was Deutschland dringend braucht, ist eine strategische Krisenvorausschau, die sich aktiv mit den Trends in der Welt beschäftigt, diese frühzeitig erkennt und in konkretes Regierungshandeln überführt. Jede Regierung ist zum Scheitern verurteilt, wenn sie die Strukturen unseres Staates nicht grundlegend reformiert. Dem aktuellen Koalitionsvertrag ist darüber praktisch nichts zu entnehmen.

IV.
WEGE AUS DER HILFLOSIGKEIT

Ringen um die neue Weltordnung

Mit dem Angriffskrieg Russlands auf die Ukraine ist die Welt nicht mehr, wie sie war. Die Erfahrung, dass eine atomare Supermacht einen großflächigen Krieg gegen ein Nachbarland vom Zaun bricht, bei dem es sich nebenbei um das territorial zweitgrößte Land Europas mit einer Bevölkerung von über 40 Millionen Menschen handelt, verändert alles. Dieser Rückfall Putins in die Großmachtpolitik des 19. Jahrhunderts ist unter den atomaren Vernichtungsbedingungen des 21. Jahrhunderts nichts anderes als ein Zivilisationsbruch. Mit der faktischen politischen Unterstützung durch China für diese Politik ist eine geopolitische Konfliktlage neuer Dimension entstanden. Dieser Konflikt ähnelt in nichts dem, was wir schon einmal gesehen haben. Es handelt sich vor allem nicht um die Wiederholung des Kalten Krieges des 20. Jahrhunderts. In keinem Aspekt – ideologisch, militärisch, politisch, ökonomisch – gibt es auch nur Ähnlichkeiten.

Wir sind konfrontiert mit einem ganz neuen geopolitischen Systemkonflikt zwischen Demokratie und Autoritarismus. Der mit dem Autoritarismus verbundene Machtanspruch hat seine entscheidende Basis in China, ist im Kern nicht ideologisch und sowohl nach innen wie nach außen gerichtet. Es besteht die grundsätzliche Bereitschaft, alle verfügbaren Mittel einzusetzen, von legalen Instrumenten wie kultureller Einflussnahme und effektiver Diplomatie über die Begründung und Ausnutzung wirtschaftlicher Abhängigkeiten bis zu illegalen Instrumenten wie völkerrechtswidrigem Gewalteinsatz oder auch Cyberattacken. Auf diesen Systemkonflikt müssen wir, Deutschland, Europa und der Westen, eine strategische Antwort finden. Es ist die Frage von Sein oder Nichtsein.

Für Deutschland stellt die Suche nach einer strategischen Antwort auf diese geopolitische Konfliktlage eine multidimensionale Herausforderung dar. Deutschland muss im Gegensatz zu anderen Staaten nicht nur über ein neues Selbstverständnis seiner Rolle in Europa und der Welt reflektieren und entscheiden und darauf basierend eine grundlegende Neuausrichtung seiner Außen-, Europa-, Sicherheits- und Energiepolitik vornehmen. Dieser Systemkonflikt stellt auch das auf einem extrem starken Außenhandel beruhende und äußerst erfolgreiche deutsche Wirtschaftsmodell infrage.

Unser Wohlstand ist in hohem Maße abhängig von unseren Exporten und den Leistungsbilanzüberschüssen, die wir erzielen. Deutschland hat bislang Handel betrieben praktisch ohne Berücksichtigung sicherheitspolitischer oder geostrategischer Aspekte. Unter den neuen Bedingungen erscheint dies als überkommener Luxus.

Sowohl die Konflikte innerhalb von China als auch mit China werden zunehmen. Allein deshalb werden wir gezwungen werden, mehr und mehr Konsequenzen zu ziehen. Es werden aber vor allem auch die USA sein, die auf den umfassenden globalen Wettbewerb mit China fokussiert sein werden und von uns verlangen, Partei zu ergreifen, so wie die USA im russischen Krieg gegen die Ukraine Partei ergriffen und ihre Rolle als die entscheidende europäische Sicherheitsmacht ausgefüllt haben.

Deutschland steht wie kein anderes Land vor einer umfassenden Zäsur. Wir müssen neu definieren, wer wir sind und was wir in dieser Welt sein wollen, die sich in einer gefährlichen Zwischenperiode der Geschichte befindet. Der große historische Zyklus der Nachkriegsgeschichte ist zu Ende gegangen, nicht bereits 1989/90, sondern 25 Jahre später mit dem Schwenk Russlands zu einer aggressiven und destruktiven Außenpolitik. Eine neue internationale Ordnung hat sich noch nicht etabliert. Wir erleben nichts weniger als den Kampf um die neue Weltordnung. Wie dieser Kampf ausgehen wird, liegt auch an uns Deutschen, und daran, was wir bereit sind, für Frieden und Freiheit zu tun. Welche Kosten und – noch ungewohnter und schwieriger für uns – welche Risiken sind wir bereit zu tragen? Noch ist alles offen.

Auf Deutschland kommt es an

Das Wichtigste für einen Neubeginn in der deutschen Außenpolitik ist, dass wir als Land über uns selbst verstehen, was praktisch alle anderen außerhalb von Deutschland über uns bereits seit Langem verstanden haben: Wie sehr es auf Deutschland ankommt. In den typischen außenpolitischen Reden in unserem Land selbst wird dagegen vorgegeben, dass wir stets europäisch handeln oder multilateral oder auch gelegentlich transatlantisch.

Aber von deutscher Außenpolitik, ihren strategischen Zielen und den Ressourcen und Mitteln, die wir einzusetzen bereit sind, um wichtige Ziele zu erreichen, ist so gut wie nie die Rede. Manche vertreten gar die Auffassung, dass es in unseren Zeiten von Interdependenzen und Globalisierung eine deutsche Außenpolitik auch gar nicht mehr geben könne. Ich halte das schon deshalb für falsch, weil es die Perspektive der anderen auf uns und deren Erwartungen an uns ignoriert. Es ist aber auch von unserer eigenen Perspektive aus gesehen ein grundlegend falscher Ansatz deutscher Außenpolitik. Denn praktisch alles, was für uns von existenzieller Bedeutung ist, hängt davon ab, ob Deutschland sich aktiv einbringt oder nicht.

Ob Europa ein außenpolitischer Akteur der Welt wird, hängt ganz entscheidend von Deutschland ab. Wenn wir das nicht wollen und nicht bereit sind, dafür auch einen Beitrag zu leisten, wird es jedenfalls nicht entstehen. Ob Russland anfangen muss, die Europäer ernst zu nehmen, liegt ganz entscheidend an Deutschland. Ob die Vereinigten Staaten von Amerika weiterhin Europa außenpolitisch als einen zuverlässigen und leistungsbereiten Alliierten ansehen, wird die Regierung in Washington vor allem an Deutschland festmachen und an unseren sicherheitspolitischen Beiträgen zur Sicherheit in Europa und seiner Nachbarschaft. Und ob es China gelingt, einen Keil zwischen die Europäer und zwischen Europa und die USA zu treiben, hängt wiederum ganz maßgeblich an Deutschland. Es geht dabei auch nicht ausschließlich um Sicherheitsfragen. Ob Deutschland als exportorientierte Wirtschaftsnation ihren Wohlstand wahren kann, hängt fundamental mit der internationalen Ordnung und dem Einhalten von Regeln zusammen. Diese Ordnung erodiert in atemberaubender Geschwindigkeit.

Deutschland kann allein ziemlich wenig in der Welt ausrichten. Aber ohne aktive, strategisch orientierte Mitwirkung Deutschlands wird es kein starkes Europa und keinen starken Westen geben. Darum reicht es nicht, wenn Deutschland immer nur abwartet, wie sich die Dinge entwickeln. Ohne aktive deutsche Mitwirkung entwickeln sich die Dinge nicht. Es ist also unausweichlich, dass wir in Deutschland eine neue Mentalität begründen, ein neues Selbstverständnis entwickeln über unsere Verantwortung für uns selbst, für Europa und in der Welt.

Ich finde, so notwendig diese Veränderung in Mentalität und Selbstverständnis ist, so gerechtfertigt ist es, darauf hinzuweisen, dass es für unseren bisherigen Weg historische Gründe gibt. Denn nach der Zäsur des Nationalsozialismus und des Zweiten Weltkrieges ging es über Jahrzehnte für Deutschland zuerst einmal um die Reintegration in die europäische und internationale Staatenwelt. Es ging also für uns darum, wieder dabei sein zu dürfen. Der Kalte Krieg, der Deutschland als geteiltem Land politisch, militärisch und zunehmend wirtschaftlich eine entscheidende Bedeutung vermittelte, hat diesen Prozess zuerst ermöglicht und dann erheblich beschleunigt. Trotz allem ging es aber grundsätzlich nicht um eine führende außenpolitische Rolle.

Als Ausnahmen können die Ostpolitik Ende der 1960er- und Anfang der 1970er-Jahre sowie die Entscheidung für den sogenannten NATO-Doppelbeschluss Anfang der 1980er-Jahre angesehen werden, also in beiden Fällen die Politik sozialdemokratischer Kanzler, für die zumindest Helmut Schmidt bereit war, mit seinem Amt zu bezahlen. In der Zeit nach dem Ende des Kalten Krieges schien es, dass eine führende außenpolitische Rolle Deutschlands schon deshalb nicht nötig sei, weil ja scheinbar ewiger Friede in Europa herrschen würde. Deutschland war »von Freunden umzingelt«, hieß es. Es schien, als hätten alle ihre Lehren aus den Weltkriegen gezogen und eine europäische Friedensordnung begründet, die in den Vertragstexten der Schlussakte von Helsinki 1975 und der Charta von Paris 1990 ihren Niederschlag gefunden hatte.

Seit einer kurzen Zeitspanne ist Deutschland völlig anders gefordert als zuvor. Sie begann vor acht Jahren mit der neuen, aggressiven russischen Außenpolitik, also dann, als sich herausstellte, dass die Ewigkeit des Friedens, den wir erhofft hatten, doch nur 25 Jahre gedauert hat. Fairerweise muss man feststellen, dass Deutschland seit 2014 auch gelernt hat. Aber die Entwicklung der Konflikte und Gefahren in einer globalisierten Welt war schneller als unsere Anpassung an die neue Realität. Der Ukrainekrieg hat uns in diese neue Realität hineingeworfen, und wir müssen jetzt die Chance und Verpflichtung zu einem neuen Selbstverständnis ergreifen. Wir müssen verstehen, welches Maß an Verantwortung aus den objektiven Möglichkeiten erwächst, die Deutschland hat.

Die deutsche Politik muss ehrlich und offen mit den Bürgerinnen und Bürgern darüber sprechen, dass die Wahrnehmung der Verantwortung für Frieden und Freiheit einen Preis hat. Frieden und Freiheit sind nicht mehr selbstverständlich und gleichsam kostenlos garantiert. Wir müssen wieder lernen, dass es das Wichtigste für unser gesellschaftliches und individuelles Leben, nämlich Frieden und Freiheit, nicht umsonst gibt und dass alles viel teurer wird, wenn wir nicht bereit sind, vorausschauend und vorbeugend zu investieren.

Gemeinsame europäische Außenpolitik

Ich befürworte nachdrücklich eine europäische Außenpolitik. Einigkeit und Einheitlichkeit sind entscheidende Stärken, um international seinen Anliegen Gewicht zu verleihen. Die größte Wirkung erzielte die europäische Außenpolitik, wenn sie durch die EU betrieben würde. Allein, das ist nicht die Realität.

Den europäischen Staaten fehlt der nötige Konsens, überhaupt weitere Kompetenzen nach Brüssel zu übertragen, wie auch gerade die Außen- und Sicherheitspolitik durch die EU wahrzunehmen. Außerdem haben die Befürworter einer europäischen Außen- und Sicherheitspolitik ein weiteres Problem noch nicht gelöst. Denn mit diesem »Machtzuwachs« würde die EU die Grenze zur Staatlichkeit überschreiten. Aber es fehlt bislang ein tragfähiges Demokratiekonzept, wie unter den über 400 Millionen Bürgerinnen und Bürgern der Europäischen Union eine gemeinsame demokratische Öffentlichkeit entsteht, die wie in den Mitgliedstaaten die Legitimationsbasis auch schwierigster Entscheidungen über Krieg und Frieden bildet, und zwar so, dass auch diejenigen, die die Entscheidung für falsch halten, sie dennoch akzeptieren können. Der Nationalstaat als Ort und Erzeuger demokratischer Legitimation ist bis auf Weiteres unverzichtbar.

Davon abgesehen ist gegenwärtig etwas anderes entscheidend: Es ist nicht abzusehen, dass Regierungen und Mitgliedstaaten sich über die grundlegenden Inhalte einer gemeinsamen europäischen Außenpolitik durch die Organe der EU verständigen – zu weit liegen die jeweiligen Interessen und Vorstellungen auseinander. In den nächsten Jahren ist dies keine realistische Option europäischer außenpolitischer Interessenvertretung. Trotzdem und gleichzeitig bleibt die gegenläufige Realität bestehen: Die einzelnen Mitgliedstaaten für sich, und seien es große Mitgliedstaaten, sind zu schwach, um wirksam ihre eigenen und die europäischen Interessen auf der globalen Bühne zu vertreten. Wir Europäer sitzen in der Zwickmühle! Eine wirklich gute und befriedigende Lösung gibt es nicht. Aber da Nichtstun mit Sicherheit die schlechteste Lösung ist, gilt es, mit pragmatischen Schritten dem Dilemma zu entkommen.

Ich sehe den entscheidenden pragmatischen Ansatz darin, eine gemeinsame Außenpolitik einzelner Mitgliedstaaten zu entwickeln. Diese besteht darin, zu den unterschiedlichen Problemen und Themen, die uns Europäer betreffen, zusammen mit anderen europäischen Staaten gemeinsames außenpolitisches Handeln zu initiieren, inhaltlich zu vereinbaren und dann auch operativ gemeinsam zu verwirklichen.

Solche Initiativen sollten immer offen für alle Mitgliedstaaten der EU sein und stets in enger Abstimmung mit dem Außenbeauftragten der EU stattfinden. Ein Veto kann es hier nicht geben. Es können, je nach Thema, in der Zusammensetzung der teilnehmenden Staaten unterschiedliche Formate entstehen. Wenn es um Russland oder die Stabilisierung des Irak oder einen neuen Umgang mit Afghanistan oder um das Nuklearabkommen mit dem Iran oder um Klimaaußenpolitik geht, sind die Interessen und die Bereitschaft der einzelnen Mitgliedstaaten der EU unterschiedlich. Für Deutschland sind alle diese Themen hoch relevant. Ich möchte auch dafür plädieren, dass Frankreich stets einen Partner solcher außenpolitischer Initiativen darstellt, aber sowohl Deutschland als auch Frankreich sollten sich davor hüten, den Eindruck einer deutsch-französischen Dominanz in der außenpolitischen Gestaltung entstehen zu lassen.

Eine solche, auf der Zusammenarbeit von Regierungen beruhende, gemeinsame europäische Außenpolitik bietet auch die Möglichkeit, Großbritannien einzubeziehen. Es ist aus vielerlei Gründen ein europäisches Interesse, die Briten ins Boot einer europäischen Außen- und Sicherheitspolitik zu holen. Selbstverständlich setzt dies auch eine entsprechende Sichtweise in Großbritannien voraus. Das bleibt abzuwarten, aber auch hier könnte der Krieg Putins eine einigende Wirkung entfalten.

Eine intergouvernementale europäische Außenpolitik enthält auch eine große Chance dafür, die in anderen Bereichen bestehenden Differenzen zwischen EU-Mitgliedstaaten zu überwinden. Ich denke hier vor allem an Polen. Es sollte uns jede Anstrengung wert sein, durch eine intensive außen- und sicherheitspolitische Kooperation mit unserem östlichen Nachbarn einen wichtigen Beitrag zu einem erneuerten Zusammenhalt in der Europäischen Union zu leisten.

Ich bin mir bewusst, dass ein solcher Ansatz nur die zweitbeste Lösung ist. Meine Vorstellung für die beste Lösung habe ich ausgeführt. Aber die Alternative zu der zweitbesten Lösung ist auf absehbare Zeit eben gerade nicht, das Optimum zu erreichen, sondern die praktische Alternative ist, in Paralyse und Ohnmacht zu verharren. Wir dürfen nicht weiter zulassen, dass europäische Außenpolitik eine rhetorische Floskel bleibt, die sich nicht als Realität entwickelt.

Europäische Außenpolitik braucht jetzt keine Visionen, sondern praktische Ergebnisse. Nicht zuletzt die Legitimation Europas hängt davon entscheidend ab. Die europäische außenpolitische Kooperation hat einen unersetzbaren Mehrwert für die Sicherheit der Europäer. Diesen Mehrwert und den Beitrag für die Legitimation Europas müssen wir schaffen.

Neue Ostpolitik

Der Krieg in der Ukraine hat ein neues Bewusstsein und damit eine neue Realität geschaffen. Den meisten wird jetzt erst klar, dass die Ukraine zu Europa gehört – und das eben nicht nur geografisch, sondern auch politisch. Denn wir haben verstanden, dass die Ukrainer, indem sie ihre eigene Freiheit, ihre eigene Unabhängigkeit verteidigen, gleichzeitig den Frieden und die Freiheit in Europa verteidigen. Putin greift die Ukraine an und damit die politische Friedens- und Freiheitsordnung unseres Kontinents. Die Ukrainer stehen für sich ein, für ihr Land und gleichzeitig für unsere gemeinsame politische Ordnung. Das Ziel dieser Ordnung besteht gerade darin, Angriffskriege und die gewaltsame Verschiebung von Grenzen zu verhindern. Es ist von entscheidender Bedeutung, dass Putin keinen Erfolg hat und in der Ukraine gestoppt wird.

Mit ihrem Freiheitskampf haben die Ukrainer eine neue politische Realität geschaffen, die den Krieg überdauern wird. Wir West- und Mitteleuropäer erfahren jetzt, dass Europa entweder als Ganzes in Frieden und in Freiheit lebt oder die Bedrohung des Friedens und der Freiheit zu uns allen zurückkehren wird. Solange der Krieg als eine denkbare Methode der Politik nicht wieder aus Europa verbannt sein wird, sind Frieden und Freiheit in Europa bedroht. Auch das bedeutet für uns Westeuropäer eine Veränderung. Es gibt jetzt nicht mehr die Option wie vor dem Krieg, Osteuropa und auch die Staaten des westlichen Balkans links liegen zu lassen. Es scheint aus heutiger Sicht geradezu absurd, mit welcher Gleichgültigkeit in Deutschland über die östlichen Partner – und zwar die innerhalb der EU und unsere direkten Nachbarn als EU – hinweggeschaut und die Beziehung mit Russland zum Nachteil der berechtigten Sicherheitsinteressen jener Länder gepflegt wurde.

Unsere Schicksale haben sich seit dem Krieg Russlands in der Ukraine für jeden erkennbar miteinander verknüpft. Es ist jetzt unsere moralische Verpflichtung und unser Eigeninteresse, die Friedens- und Freiheitsordnung für ganz Europa neu zu begründen. Dafür brauchen wir eine neue Ostpolitik. Diese neue Ostpolitik muss bis auf Weiteres von Russland als dem Aggressor ausgehen. Das Mantra, welches drei Jahrzehnte vorbehaltlos galt, dass Sicherheit in Europa nur mit Russland möglich ist, hat sich in sein Gegenteil verkehrt. Sicherheit vor Russland ist nun die Maxime. Sie steht nicht im Widerspruch dazu, dass langfristig unser unbedingtes Ziel bleibt, Russland nach Putin in die gemeinsame Friedens- und Freiheitsordnung zu integrieren. Das scheint aus heutiger Sicht fast unvorstellbar. Denn die Ehrlichkeit gebietet, auszusprechen, dass sowohl der Krieg, der für sich ein Verbrechen ist, breite Unterstützung in der russischen Bevölkerung gefunden hat und die schrecklichen Kriegsverbrechen an Ukrainern in Butscha und an anderen Orten von russischen Soldaten begangen wurden.

Unsere Hand sollte trotzdem gegenüber dem russischen Volk, das ebenso in Frieden und Freiheit leben möchte wie jedes andere, ausgestreckt bleiben. Dies ist auch für die vermutlich nun lange andauernde Zeit des Spannungsverhältnisses mit dem russischen Staat geboten. Der Westen sollte den Versuch Putins nicht akzeptieren, seine Politik mit dem russischen Volk gleichzusetzen, sondern vielmehr dadurch zu konterkarieren versuchen, dass gesellschaftliche und kulturelle Beziehungen angepasst und fortgeführt werden, wo immer dies möglich ist. Auch dies sollte ein konzeptioneller Bestandteil einer neuen Ostpolitik der EU sein.

Eine neue europäische Ostpolitik sollte als staatliche Adressaten vier Gruppen unterscheiden: erstens die osteuropäischen Mitgliedstaaten von EU und NATO, zweitens die Staaten der sogenannten östlichen Nachbarschaft, also Ukraine, Georgien, Moldau, drittens die Staaten des westlichen Balkans und viertens Russland selbst. Unsere osteuropäischen EU- und NATO-Mitgliedstaaten verdienen primär unseren konsequenten politischen und militärischen Schutz. Mit dem russischen Angriffskrieg auf die Ukraine ist die NATO-Russland-Grundakte obsolet geworden. Die NATO muss und wird ihre militärische Präsenz und ihre Abschreckung in diesen Ländern massiv erhöhen. Ich plädiere dafür, dass die Europäer in der NATO dies als ihre vornehmliche dauerhafte Aufgabe betrachten und den amerikanischen Truppen- und Materialaufwuchs sehr bald durch europäische Ressourcen ersetzen. Das wäre ein wichtiger Beitrag zu einer neuen transatlantischen Aufgabenteilung, die angesichts der weiter bestehenden sicherheitspolitischen Herausforderungen in anderen Regionen notwendig ist. Die Ankündigung eines 100 Milliarden Euro schweren Sondervermögens für die Bundeswehr, gekoppelt mit der Einhaltung des Zwei-Prozent-Ziels der NATO, durch den deutschen Bundeskanzler war wegweisend. Gleichzeitig bildet sie nur eine Facette des unumgänglichen Beitrags ab, den deutsche Sicherheitspolitik von nun an zu leisten hat.

Die neue europäische Ostpolitik richtet sich nicht nur an die Staaten innerhalb der EU und der NATO, sondern sie muss ausgreifen auf die beiden Gruppen der Staaten, die zwischen der Europäischen Union und Russland liegen, also die östliche Nachbarschaft der EU und den westlichen Balkan. Es ist das europäische Interesse, diese Staaten zu stabilisieren und sie politisch zu integrieren. Das Erstere wird ohne das Letztere nicht funktionieren. Dafür müssen wir ihnen eine realistische, zeitlich absehbare Perspektive der Zusammengehörigkeit – politisch und institutionell – anbieten. Seit Jahren tut Russland alles dafür, die Länder an seiner westlichen Grenze politisch zu destabilisieren und in russische Einflusszonen zu verwandeln. Dafür setzt Putin Desinformation, hybride Kriegsführung und militärische Gewalt ein. Teile Georgiens und von Moldau sind durch Russland militärisch besetzt. Politisch wie wirtschaftlich fehlt Putins System jegliche Attraktivität, um diese Staaten auf der Basis von Freiwilligkeit an sich zu binden.

Als Reaktion auf den russischen Angriffskrieg haben die Ukraine, Moldau und Georgien die Mitgliedschaft in der Europäischen Union beantragt. Diese Initiative, den Beitrittsprozess dieser Länder in die EU einzuleiten, hat vielfältige Unterstützung gefunden. Ich verstehe das. Aber ist es realistisch? Wenn wir ehrlich sind – und das haben diese Länder als Allererstes endlich verdient – müssen wir sagen, dass es das nicht ist. Wir müssen erkennen und zugeben, dass sich die Mechanismen und Instrumente der Erweiterung der Europäischen Union erschöpft haben. Und dass sie den betroffenen Ländern auf absehbare Zeit keine realistische und keine ehrliche Perspektive bieten und darum am Ende nur in Enttäuschung münden werden.

Denn die Kluft zwischen dem Grad der rechtlichen, wirtschaftlichen und politischen Integration in der Europäischen Union und den daraus resultierenden Anforderungen an die Mitgliedschaft auf der einen Seite und dem Entwicklungsstand der staatlichen, vor allem der rechtsstaatlichen Strukturen in den meisten der betroffenen Länder auf der anderen Seite ist so gewaltig, dass sich schon bald die EU-Mitgliedschaft der die Aufnahme beantragenden Staaten als leeres Versprechen entpuppen würde. So wie die EU heute verfasst ist, ist sie für die meisten Staaten in Europa, die noch keine Mitgliedstaaten sind, nicht aufnahmefähig. Die Politik der großen Versprechen, die der EU kurzfristig Entlastung verschafft, die aber zu nichts führt, darf die Europäische Union nicht fortsetzen. Wir müssen eine neue Strategie als Teil einer neuen Ostpolitik entwickeln. Das bedeutet nicht nur, dass sich unsere östlichen und südöstlichen Nachbarn entwickeln müssen, es bedeutet genauso, dass die EU sich verändern muss, wenn sie »geopolitikfähig« werden will.

Der geopolitische Hintergrund einer neu konzipierten Erweiterungspolitik besteht darin, dass sowohl die Staaten des westlichen Balkans als auch die osteuropäischen Nachbarn der Europäischen Union der Beeinflussung und den Machtansprüchen Russlands und Chinas ausgesetzt sind. Die EU hat ein Stabilitätsinteresse in beiden Regionen, dem sie nur durch eine feste Verbindung mit diesen Staaten, die gleichzeitig den Rahmen für einen Annäherungsprozess bietet, Rechnung tragen kann. Wenn dafür die Mitgliedschaft in der Europäischen Union eine viel zu fern liegende Option auf der einen Seite darstellt, und wenn auf der anderen Seite bilaterale Beziehungen, selbst wenn sie deutlich intensiviert würden, schlicht zu wenig wären, muss eine dritte Option, muss etwas Neues gefunden werden. Ein neuer Status, der eine enge Verbindung und zugleich die Perspektive auf Mitgliedschaft beinhaltet, könnte darin bestehen, dass eine assoziierte Mitgliedschaft in der Europäischen Union kreiert wird: Diese begründet Zugehörigkeit und interne Rechte. Deren Umfang und Reichweite müssen diskutiert und konzipiert werden. An den Treffen des Europäischen Rates sollten die Regierungs- und Staatschefs dieser Länder zum Beispiel mit beratender Stimme teilnehmen. Es sollte zudem die Möglichkeit geschaffen werden, dass sich aus diesen Ländern auch Beamte der Europäischen Kommission rekrutieren.

Im Zentrum sollte die wirtschaftliche Assoziation stehen, die nach und nach auf die Integration in den Binnenmarkt hinauslaufen müsste. Dafür muss gerade unsere wirtschaftliche Präsenz in der Region ausgebaut und aktive Hilfestellung geleistet werden bei der politischen Transformation, die – gemessen an den europäischen Standards – noch lange nicht abgeschlossen ist. Diese Hilfe haben gerade wir Deutsche nach dem Zweiten Weltkrieg durch die USA erhalten. Wir sollten sie nun in unserem eigenen Interesse – das und nicht etwa Mildtätigkeit war damals auch die primäre Motivation der USA – den Osteuropäern und den Menschen im westlichen Balkan nicht verwehren. Ein europäischer Marshallplan ist das Gebot der Stunde und in unserem eigenen Interesse.

Es ist klar, dass eine solche assoziierte Mitgliedschaft von Wladimir Putin, solange er Präsident Russlands ist, als Kampfansage angesehen werden würde. Denn dass die westlichen Nachbarstaaten Russlands sich zu wirtschaftlichen, gesellschaftlichen und staatlichen Erfolgsmodellen entwickeln, setzt ihn unter Druck, da er dies seiner Bevölkerung nicht zu bieten vermag. Die Bereitschaft Putins, Krieg zu führen, hat uns aber gelehrt, dass es nicht akzeptabel ist und dass es auch nicht dem Frieden dient, wenn es die EU und die EU-Mitgliedstaaten weiterhin zulassen und ihm gestatten, die westlichen Nachbarstaaten Russlands als Geiseln zu nehmen und ihre innere Entwicklung dauerhaft zu hemmen. Alle Europäerinnen und Europäer haben ein Recht darauf, in einem Europa zu leben, das nicht gespalten ist und seinen Bürgerinnen und Bürgern ein Leben in Frieden und Freiheit gewährleistet. Diese Vision für ganz Europa muss von nun an die historische Mission der Europäischen Union sein. Eine Friedens- und eine Freiheitsvision.

Diese – und das muss als das finale Kapitel einer neuen

europäischen Ostpolitik weiterhin verstanden werden – soll eines Tages auch ein friedliches Russland einschließen. Russland soll, Russland muss Teil der europäischen Friedens- und Freiheitsordnung werden. Nur dann gibt es sie.

Partnerschaft mit den USA neu beleben

Wladimir Putin hat mit seinem Krieg gegen die Ukraine die USA zurück nach Europa gebracht als die entscheidende Sicherheitsmacht auf unserem Kontinent. Nicht auszudenken, wenn Donald Trump noch der Bewohner des Weißen Hauses wäre. Aber erstens kann er zurückkehren, und zweitens dürfen wir uns auch darüber nicht täuschen, was die Rückkehr der USA nach Europa bedeutet und was sie eben gerade nicht bedeutet. Sie zeigt, dass die europäischen Wurzeln der USA und die politischen Beziehungen zwischen Europa und den USA immer noch sehr stark sind und dass die eine politische Hälfte der USA an ihrer europäischen Verantwortung und der globalen Rolle der USA festhält. Aber es heißt eben nicht, dass die USA wieder so werden, wie sie zu Zeiten des Kalten Krieges waren, auch nicht unter einem Präsidenten Joe Biden.

Der Kalte Krieg ist vorbei. Die USA sind ein anderes Land geworden. Die USA haben auch unter einem proeuropäischen und multilateral orientierten Präsidenten wie Joe Biden andere Prioritäten als in den Zeiten des Kalten Krieges. Wie bereits ausgeführt, gilt die eine dem inneren Aufbau des Landes, und die andere gilt dem umfassenden Wettbewerber China. Für uns Deutsche und Europäer heißt das vor allem, dass wir die ausgesprochen positive Erfahrung, die wir jetzt mit den USA in der Situation des Ukrainekrieges machen, nicht einfach als Fundament der künftigen Ausgestaltung der transatlantischen Beziehungen unterstellen dürfen. Das wäre eine Illusion und eine große Gefahr.

Für die Ausgestaltung des künftigen transatlantischen Verhältnisses kommt der deutschen Außenpolitik keine alleinige, aber eine wichtige Rolle zu. Washington schaut auf Berlin. Denn Deutschland hat schon immer das größte wirtschaftliche Gewicht eingebracht, und nun verspricht man sich von Deutschland auch einen angemessenen sicherheitspolitischen Beitrag. Die deutsche Außenpolitik hat daher die reale Möglichkeit, Einfluss zu nehmen und die Elemente der künftigen transatlantischen Partnerschaft neu zu justieren. Es sollte eine neue Arbeitsteilung vereinbart werden, mit Elementen der Kontinuität und der Erneuerung. Auch wenn wir eine deutlich gesteigerte europäische Verteidigungsfähigkeit unterstellen, ist es nicht realistisch anzunehmen, dass diese in der Lage wäre, die von den USA übernommene Sicherheitsgarantie für Europa zu ersetzen. Wir sollten aber auch gar nicht dieses Ziel verfolgen.

Ich plädiere dafür, den nuklearen Schutzschirm der USA zu erhalten und dass Deutschland weiterhin durch den Mechanismus der nuklearen Teilhabe in diesen integriert ist. Es ist unser sicherheits- und außenpolitisches Interesse, die USA als europäische Ordnungsmacht unter Einschluss des nuklearen Schutzschirms zu erhalten. Sofern diese Ordnungsmacht in Form und mit den Fähigkeiten der NATO ausgeübt wird, sollte aber der europäische Pfeiler der NATO deutlich gestärkt werden. Das ist auf der einen Seite eine Bringschuld der Europäer, die wir zu erfüllen haben. Auf der anderen Seite sollten aber auch die USA ihre Skepsis gegenüber einem gewissen Zusammenrücken der Europäer innerhalb der NATO aufgeben. Die USA fordern seit Langem einen höheren Beitrag der Europäer zur NATO-Verteidigungsfähigkeit, stehen aber einer Europäisierung der einzelnen Länder innerhalb der NATO bislang ablehnend gegenüber. Das drückt die Präferenz der USA aus, dass sie mehr Verteidigungsleistung von den Europäern wünschen, aber nicht mehr politische Mitsprache.

Ich halte es im Sinne der inneren Stabilität sowie der Leistungsfähigkeit der NATO für geboten, dass sich die militärischen Beiträge und die politische Verantwortung annähern. Die USA werden uneinholbar bleiben. Wir Europäer und Deutsche profitieren davon. Aber die Lücke sollte in beiden Aspekten verringert werden. Mit der Entscheidung der Bundesregierung, von diesem Jahr an zwei Prozent der Wirtschaftsleistung für die Verteidigung vorzusehen, damit die jährlichen Ausgaben in absoluten Zahlen bezogen auf die gegenwärtige Wirtschaftsleistung von rund 50 auf 70 Milliarden Euro zu steigern und für die nächsten Jahre durch ein Sondervermögen in einem Fonds in Höhe von 100 Milliarden Euro abzusichern, sind die Weichen für einen nachhaltigen und deutlich gesteigerten deutschen Verteidigungsbeitrag gestellt. Aber auch in der Verteidigung ist Geld nicht alles. Das Ziel muss eine deutlich gesteigerte Effizienz in der Verteidigungsfähigkeit sein. Dabei sollten wir pragmatisch vorgehen und, wo immer es geht, die Interoperabilität unserer Streitkräfte mit den Streitkräften anderer NATO-Staaten erhöhen, indem gemeinsam geübt wird und gerade mit Blick auf die Verteidigung der Außengrenzen europäische Einheiten gebildet werden.

Neben der Interoperabilität gilt es auch, dem Querschnittscharakter, den Sicherheit heutzutage ausmacht, gerecht zu werden. Das gilt vor allem für unsere technologischen Fähigkeiten, Cyberattacken abzuwehren. Um diese deutlich stärker auszubauen, muss die Bundeswehr als Arbeitgeber wettbewerbsfähiger werden gegenüber zivilen IT-Arbeitgebern. Weiterhin braucht unsere Verteidigung in diesem Bereich Rechtssicherheit. Denn diese Angriffe wirken ganz anders als die feindliche Armee, die von außen unser Land oder das Bündnis angreift. Ein Cyberangriff kommt zwar von außen, aber er wirkt direkt innerhalb des Landes und richtet sich gegen das innere Funktionieren, indem etwa Strom- oder digitale Netze attackiert werden. Sichere und vertrauenswürdige Infrastruktur ist daher ein wichtiger Teil unserer Wehrfähigkeit und Verteidigung gegen Angriffe von außen.

Eines der größten Hemmnisse unserer Verteidigungsfähigkeit war und ist die nationalstaatliche Kleinstruktur der europäischen Verteidigungsindustrien. Auch hier sollte der Krieg verdeutlicht haben, dass wir es uns nicht leisten können, unsere Verteidigungsindustrie als Wirtschaftsfaktor im Wesentlichen nationalstaatlich zu halten. Es muss klar sein: Die Aufgabe unserer Verteidigungsindustrie liegt nicht primär darin, Arbeitsplätze, sondern darin, Sicherheit zu schaffen. Mit mehr Geld muss also jetzt auch ein Vorstoß unternommen werden, um durch die Entwicklung von europäischen Industriestrukturen mehr Effizienz in der europäischen Rüstungsindustrie zu erreichen.

In einer anderen Region werden Deutschland und Europa noch viel weitergehend gezwungen sein, einerseits die außenpolitische Kooperation mit den USA fortzusetzen, andererseits aber einen deutlich höheren Verantwortungsbeitrag zu übernehmen. Die Rede ist vom Nahen und Mittleren Osten. Diese Region zählt, wie schon der amerikanische Präsident Obama 2016 freimütig eingeräumt hat, nicht mehr zu den Prioritäten amerikanischer Außenpolitik. Die Bilanz der USA in dieser Region ist in den letzten 20 Jahren weder aus Sicht der USA noch aus Sicht der Region sehr schmeichelhaft. Auch wirtschaftlich hat sich das Interesse der USA stark geändert, seitdem sie eines der größten Erdöl produzierenden und exportierenden Länder der Welt geworden sind. Die USA können es sich leisten, dieser Region weit weniger Aufmerksamkeit zu schenken – mit Ausnahme Israels.

Die Europäer haben diese Möglichkeit nicht. Die USA sind von der Region des Nahen und Mittleren Ostens durch einen Ozean getrennt. Wir nur durch das schmale Mittelmeer. Was das für uns bedeutet, hat sich tief in das kollektive Gedächtnis der Europäer im Zusammenhang mit der Flüchtlingskrise eingetragen. Wir haben in dieser Zeit erlebt, dass Europa mit der Region des Nahen und Mittleren Ostens schicksalhaft verbunden ist. Die Instabilität, die Konflikte und auch die möglichen Kriege im Nahen und Mittleren Osten sind untrennbar verbunden mit der Sicherheit und der gesellschaftlichen Stabilität in Europa. Deutschland trägt in dieser Region nicht die historische Last einer Kolonialmacht. Gleichzeitig ist die politische Lage dort so komplex und durch die Politik von Akteuren innerhalb und außerhalb der Region in den letzten 20 Jahren so verknäult, dass ein europäisches außenpolitisches Engagement mit dem Einsatz enormer Ressourcen unterschiedlicher Art – von Geduld bis Geld – verbunden sein wird. Aber es hilft nichts. Bei unserem Einsatz dort geht es um die Sicherheit und Stabilität bei uns.

Anders stellt sich die Lage im Indopazifik dar. Selbstverständlich haben Deutschland und die europäischen Staaten auch in dieser Region politische und handelspolitische Interessen. Auch gibt es hier noch ein breites Feld ungenutzter Möglichkeiten für intensivere Beziehungen, die von beiden Seiten auch gewünscht werden. Aber weder Deutschland noch die EU oder ein anderer europäischer Staat sind ein sicherheitspolitisch relevanter Faktor im Indopazifik, und wir werden es nicht sein – auch wenn das eine oder andere europäische Land sich das aus der Vergangenheit begründet noch einbilden mag. Hier haben die USA andere Partner wie Japan und Australien.

Die USA sind auch eine pazifische Macht und sie treffen im Indopazifik auf den regionalen Dominanzanspruch Chinas. Es war darum in Wirklichkeit keine Überraschung, sondern eine logische Konsequenz der sicherheitspolitischen Realsituation, dass Australien ein bereits abgeschlossenes U-Boot-Geschäft mit Frankreich zugunsten eines Abkommens mit den USA kassiert hat, um durch die Kooperation mit den USA deutlich leistungsfähigere nuklearbetriebene U-Boote zu erhalten. Auch wenn die Entscheidung wirtschaftlich hart für Frankreich war und vor allem die Selbstwahrnehmung des Landes verletzt hat, liegt der im Zuge des U-Boot-Geschäfts abgeschlossene indopazifische Sicherheitspakt AUKUS zwischen den USA, Australien und wegen einer gewissen industriellen Beteiligung auch Großbritannien im europäischen Interesse.

Wir müssen lernen, unsere Ressourcen und Fähigkeiten intelligent einzusetzen und uns jeweils auf die zentralen Handlungsfelder zu konzentrieren. Für Europa ist das unsere Nachbarschaft im Osten und Süden, für die USA ist es China. Indem wir uns fokussieren und eine Arbeitsteilung erfüllen, wird es uns eher gelingen, gemeinsam die riesige Palette der uns verbindenden Sicherheitsinteressen zu bedienen. Die USA und wir Europäer bleiben die wechselseitig wichtigsten Verbündeten. Wir brauchen uns gegenseitig, wir die USA ohnehin, aber die USA auch uns. Diese Erkenntnis muss uns leiten, in ihrer Umsetzung müssen wir das Denken des Kalten Krieges verlassen und uns der neuen Ära des geopolitischen Systemkonflikts stellen.

Der Westen braucht eine gemeinsame China-Strategie

Wegen seiner Größe, seines riesigen Marktes, seines wirtschaftlichen Gewichts und seiner technologischen Fähigkeiten ist es unmöglich, China zu ignorieren. Alles das wäre grundsätzlich kein Problem, wenn China nicht zugleich entschlossen wäre, die internationale liberale regelbasierte Ordnung zugunsten chinesischer Interessen zu verändern. Wie also umgehen mit einem China, das sich einem solchen globalen Revisionismus verschrieben hat?

Die deutsche Außenpolitik, die diese Frage strategisch beantworten muss, sollte sich an zwei Prämissen orientieren. Die eine besteht darin, dass die Politik der Eindämmung, wie sie der Westen gegenüber der Sowjetunion mit Erfolg praktiziert hat, gegenüber China unzulänglich wäre. Das Ziel der Eindämmungspolitik gegenüber der Sowjetunion bestand darin, die Ausbreitung des Kommunismus zu begrenzen, gar zu verhindern. Dafür unterstützten die USA aktiv Staaten gegen drohende kommunistische Umsturzversuche. Aber die Sowjetunion war politisch und wirtschaftlich schwach und die Welt durch einen eisernen Vorhang getrennt. Anders China heute, das in strategisch wichtigen Industrien auf das Engste mit den westlichen Volkswirtschaften verbunden ist und über ein ausgezeichnetes Netz von internationalen Beziehungen verfügt. China ist zu groß, zu mächtig und zu sehr mit unseren Volkswirtschaften verzahnt, als dass Eindämmung hier funktionieren würde. Eine Politik, die im Wesentlichen nur darauf und auf die Schwächung Chinas setzen würde, wäre möglicherweise in der Lage, eine gewisse Verzögerung in der Entwicklung Chinas zu erreichen, würde aber grundlegend an Dynamik und Richtung der Entwicklung nichts ändern.

Als zweite Prämisse ist zugrunde zu legen, dass es sich bei dem Systemkonflikt zwischen China und dem Westen einerseits um einen Konflikt darüber handelt, nach wessen Regeln und Prinzipien die internationale Ordnung aufgebaut werden soll. Andererseits wird sich dieser Konflikt aber nicht in einem Überzeugungs- oder Attraktivitätswettbewerb auf normativem Gebiet entscheiden. Die Entscheidung, welche Normen international gelten werden, wird vielmehr auf einem ganz anderen Gebiet, nämlich durch technologische Führerschaft, entschieden werden. Es besteht kein Zweifel: Wer die Schlüsseltechnologien der Zukunft dominiert, wird auch das internationale Normensystem beherrschen. Denn die Schlüsseltechnologien werden ökonomisch und militärisch so sehr dominieren, dass aus ihnen auch die Macht über internationale Norm- und Standardsetzung folgen wird.

Aus diesen Prämissen erwachsen für Deutschland, Europa und den Westen klare Konsequenzen. Diese Konsequenzen zu ziehen, ist für Deutschland so wichtig wie fordernd, weil Deutschland wie kein anderes Land wirtschaftlich mit China verflochten und diese wirtschaftliche Verflechtung ein konstitutiver Teil unseres Wohlstands geworden ist.

Die erste Konsequenz, die zu ziehen ist, besteht darin, die Auseinandersetzung zwischen dem Westen und China auch als eine normative Auseinandersetzung zu führen. Ganz praktisch gesprochen heißt dies, dass wir Deutsche und Europäer gegenüber China für unsere Prinzipien und unsere Werte ebenso eintreten dürfen und müssen, wie China das uns gegenüber auch praktiziert. Wir dürfen und müssen gegenüber China für die Menschenrechte eintreten. Wir dürfen und müssen uns für das internationale Recht und die Beachtung internationaler Verträge einsetzen. Und wir dürfen und müssen protestieren, wenn all dies durch China verletzt wird. Wir dürfen uns von China nicht einschüchtern lassen, zu unseren eigenen Werten zu stehen. Dafür spricht schon eine ganz einfache praktische Erwägung. Nichts verachtet China mehr, als die Selbstverleugnung seiner Widersacher. China respektiert Stärke und verachtet Schwäche.

Die zweite Konsequenz besteht darin, jede Form von Abhängigkeit von China, die uns in unserer politischen Entscheidungsfreiheit signifikant einschränkt, nicht einzugehen oder, wenn wir sie bereits eingegangen sind, systematisch abzubauen. Das größte strategische Problem für Deutschland ist, dass wir bei den digitalen Schlüsseltechnologien den Anschluss zu verlieren drohen. In diesem Segment besteht für die digitalen Hardware-Produkte eine Abhängigkeit von China. Unser Mobilfunknetz zum Beispiel besteht bis zur Ausbaustufe 4G ganz überwiegend aus chinesischen Bauteilen. Dass die Gesetzgebung zum Ausbau von 5G, das einen qualitativen Sprung im Verhältnis zu 4G bedeutet, handfeste sicherheitspolitische Anforderungen vorsieht, ist darum eine wesentliche strategische Maßnahme gegen eine weitergehende Abhängigkeit von China auf diesem zentralen Gebiet. Anders ist die Situation leider beim Cloud Computing. Deutschland und Europa haben mit Gaia-X viel Geld investiert, mit dem Ziel, die Abhängigkeit von China und den USA zu reduzieren, nur um dann beim Ausbau auf chinesische Komponenten zu setzen. Ein weiteres Beispiel dafür, wie es nicht mehr sein darf.

Über diesen Bereich hinaus muss uns gegenwärtig sein, dass digitale Souveränität immer stärker eine Prämisse von faktischer staatlicher Souveränität geworden ist. Damit wird sofort klar, dass Souveränität heute im Allgemeinen und im Speziellen im Verhältnis gegenüber China nicht mehr durch Deutschland allein gewährleistet werden kann. Digitale Souveränität für die europäischen Mitgliedstaaten wird es nur europäisch geben oder gar nicht.

Vieles spricht dafür, dass Europa und die USA auf wechselseitige wirtschaftliche und technologische Zusammenarbeit auf diesem Gebiet angewiesen sind. Darum ist die Gründung des Transatlantischen Investitions- und Technologierats ein bedeutsamer Schritt. Er folgt der Erkenntnis, dass die Europäer und die Vereinigten Staaten ihre finanziellen Ressourcen und technologischen Fähigkeiten zusammenbringen müssen, um wirkliche Stärke im globalen Wettbewerb und im Wettbewerb mit China sicherstellen zu können.

Auf einem anderen Gebiet dagegen wird Deutschland nicht umhinkommen, seine Hausaufgaben zu erledigen. Die Rede ist hier von in China überinvestierten Unternehmen. Grundsätzlich ist es zutreffend, hierin individuelle unternehmerische Profitabilitätsstrategien und korrespondierendes Risikoverhalten zu sehen, das im Positiven wie im Negativen individuelle, auf das Unternehmen bezogene Konsequenzen hat. Wenn dieses Risikoverhalten allerdings in mehreren strategischen Sektoren der deutschen Volkswirtschaft wie im Automobil- und Maschinenbau, in der Chemie- und Pharmaindustrie stattfindet, dann besteht eine volkswirtschaftliche Ansteckungsgefahr. Diese wiederum wird spätestens in einem ernsten Konfliktfall mit China politisch, und zwar in einer Weise, dass die deutsche politische Handlungsfähigkeit, Wehrhaftigkeit und Bündnisfähigkeit infrage stehen würden.

Wir könnten geradezu zerquetscht werden zwischen gegenläufigen Interessen und Erwartungen. Es wäre darum naiv und unverantwortlich, das bewusste Eingehen von unternehmerischen Abhängigkeiten als rein privatwirtschaftliches Verhalten abzutun. Denn im Konfliktfall würden durch die volkswirtschaftlichen Rückwirkungen bis hin zu einer beachtlichen Rezession in unserem Land die Folgen dieses individuellen Verhaltens sofort kollektiviert und politisch werden. Deutschland braucht also eine Außenwirtschaftsstrategie, die gemeinsam von der Politik und den Unternehmen entwickelt wird und darauf abzielt, eine Balance zwischen den Zielen des handelspolitischen Erfolges einerseits und der Wahrung unserer staatlichen Handlungsfähigkeit und Unabhängigkeit andererseits zu erreichen.

Der systemische Konflikt mit China wird nicht nur das Verhältnis des Westens zu China, sondern die gesamten internationalen Beziehungen in der vor uns liegenden Zeit definieren. Dabei muss uns aber auch klar sein, was wir Deutsche und Europäer nicht wollen: Wir wollen keinen Kalten Krieg mit China. Das gilt es vor allem auch immer wieder gegenüber den USA zu betonen. Die Möglichkeiten der Kooperation mit China müssen weiterhin auf allen Feldern gesucht werden. In manchen Feldern, wie etwa dem Klimaschutz, ist diese Kooperation eine wechselseitige schlichte Notwendigkeit. Die Strategie des Westens muss daher die folgende sein: Auf der Basis einer abgesicherten und umfassenden eigenen Stärke strecken wir die Hand zur Kooperation mit China aus.

Klima und Energie: ein neues Verständnis von Sicherheit

Die globale Erderwärmung bedeutet eine existenzielle Bedrohung für Abermillionen Menschen und schränkt die Lebensbedingungen der Menschheit fortschreitend ein. Konflikte um Wasserversorgung werden zunehmen und können sich bis hin zu Kriegen verschärfen. Solche Konflikte und die Zerstörung von Lebensraum durch Extremwetterereignisse werden zu Migration führen. Wir Deutsche und Europäer werden sowohl von den Klimafolgen als auch von den sicherheitspolitischen Konsequenzen des ungebremsten Klimawandels betroffen sein. Welches Leid und welch dramatische Zerstörung Extremwetterereignisse herbeiführen können, die durch den fortschreitenden Klimawandel häufiger und heftiger vorkommen, haben wir im Sommer 2021 in Nordrhein-Westfalen und Rheinland-Pfalz erlebt. Besonders schlimm betroffen war das Ahrtal in Rheinland-Pfalz und die Stadt Bad Münstereifel und umliegende Gemeinden in Nordrhein-Westfalen, wo Menschen, denen der Fluchtweg abgeschnitten wurde, in den Fluten starben, die auch gigantische Zerstörungen verursachten.

In meinem Wahlkreis wurden die Gemeinde Swisttal und die Stadt Rheinbach besonders schwer getroffen. Es gab Tote, und das Ausmaß der kriegsähnlichen Verwüstungen ist kaum vorstellbar. Gewaltig war aber auch die Solidarität, die die Flutopfer aus der Umgebung, ganz Deutschland und sogar aus dem Ausland erfahren haben. Wir sind eine starke, solidarische Gesellschaft. Die Politik schuldet es einer solchen Gesellschaft, sich besser vorzubereiten auf mögliche Katastrophen und über Gefahren, die uns als Gesellschaft etwas abverlangen, offen und ehrlich zu sprechen.

Klimapolitik hat viele Dimensionen. Aber eine der am meisten unterschätzten ist ihre sicherheitspolitische Bedeutung. Sie fordert von uns Adaption – wir müssen unsere Städte und Gemeinden besser anpassen an die klimawandelbedingten Veränderungen, die bereits jetzt stattfinden –, und sie verlangt die konsequente Minderung der klimaschädlichen Emissionen. Für Letztere ist Energiepolitik, die in der Abkehr von fossilen Energiequellen besteht, zentral. Sie hat eine doppelte sicherheitspolitische Dimension. Zum einen ist sie ein entscheidender Beitrag, um klimaschädliche Emissionen zu vermeiden. Zum anderen hat uns der Ukrainekrieg die Abhängigkeit von fossilen Energieimporten aus Russland vor Augen geführt und die hohen wirtschaftlichen Kosten bewusst gemacht, die der Stopp dieser Importe bedeutete, um unseren Beitrag zu leisten, den Krieg in der Ukraine schneller zu beenden.

In der Frage des Stopps der russischen Energieimporte mag man zu unterschiedlichen Ergebnissen kommen können. Entscheidend ist aber, dass man beide Seiten in Betracht zieht und eine politische Bewertung vornimmt, welche Kosten man eher bereit ist zu tragen. Selbstverständlich ist ein Ende der Energieimporte mit beachtlichen wirtschaftlichen Folgen und Kosten verbunden. Wer aber nur darauf allein abstellt, geht unausgesprochen von der Prämisse aus, dass politische Entscheidungen, selbst wenn sie geeignet sind, einen fürchterlichen Angriffskrieg mit hohen Todeszahlen, enormen Verletzungen und unvorstellbaren Zerstörungen abzukürzen oder gar zu beenden, wirtschaftlichen Erwägungen nachgeordnet sind. Eine solche Haltung wäre nicht nur unmoralisch. Eine solche Haltung ist vor allem auch strategisch unklug und wirtschaftlich kurzsichtig, weil sie unter den gegebenen Bedingungen wirtschaftlicher Interdependenzen unser Land zum Dauerobjekt wirtschaftlicher Erpressung durch autoritäre und zum Gewalteinsatz bereite Staaten machen würde. Es müssen endlich alle verstehen, dass die Rückkehr des Krieges als Mittel der Politik in Europa im 21. Jahrhundert die ultimative Katastrophe in einem ganz umfassenden Sinne wäre. Neben allem anderen wäre das auch die maximale Bedrohung unseres Wohlstandes.

Klimaaußenpolitik und Energiepolitik müssen also eng verzahnt betrachtet und in einem neuen Verständnis ihrer sicherheitspolitischen Dimension formuliert werden. Kurzfristig stellt sich die Situation wegen des russischen Krieges in der Ukraine anders dar als in der mittel- und langfristigen Perspektive. Kurzfristig geht es darum, den Krieg Russlands in der Ukraine zu beenden und dauerhaft die russische Aggression und Bedrohung der Ukraine zu unterbinden. Das hat oberste Priorität. Dafür müssen wir Deutsche und Europäer zusammen mit den USA das System Putin mit allen uns zur Verfügung stehenden Mitteln wirtschaftlich so hart treffen, wie es nur möglich ist. Die Energieexporte stellen die wesentliche Lebensader der russischen Wirtschaft dar. Russland ist absolut abhängig von dem Export von Energierohstoffen nach Europa. Zwar liefert Russland Energierohstoffe auch nach China, aber vor allem die Gaslieferungen können wegen der Leitungsgebundenheit nicht kurzfristig gesteigert werden.

Darum bleibt es richtig, den Import von Energie aus Russland nach Deutschland und Europa zu stoppen, um maximalen wirtschaftlichen Druck auf Putin und sein Herrschafts- und Wirtschaftssystem herbeizuführen. Selbstverständlich ist dafür eine kurz- und mittelfristig wirkende Substitutionsstrategie Deutschlands und Europas notwendig. Diese kann auf unterschiedliche Quellen zurückgreifen. Es ist ein Gebot der Ehrlichkeit, auszusprechen, dass in der Kürze der Zeit erneuerbare Energien hierzu keinen signifikanten Beitrag leisten werden, weil wir diese nicht schnell genug ausbauen können. Kurzfristig wird also das überragende Ziel, den uns möglichen Beitrag zur Kriegsbeendigung zu leisten, in einem Interessenkonflikt mit anderen Zielen, vor allem dem Klimaschutz, stehen. Wir werden kurzfristig intensiver auf

Kohlenutzung zurückgreifen müssen, als das den richtigen Plänen des Ausstiegs aus dieser Energiequelle entspricht.

Aber bereits mittelfristig muss aus der Erfahrung der Abhängigkeit von den fossilen Energiequellen eine deutliche Beschleunigung des Ausbaus erneuerbarer Energie erfolgen. Ich bin mir indessen ganz sicher, dass es ausgeschlossen ist, das notwendige Tempo im Umbau unseres Energiesystems zu erreichen, wenn wir nicht grundlegende Veränderungen im Planungs- und Genehmigungsrecht, im Ausschreibungsrecht und in anderen Bereichen vornehmen.

Ich schlage deshalb vor, dass Deutschland in den Sektoren der Klima- und Energietransformation für einen Zeitraum von fünf Jahren den rechtlichen Status einer Sonderwirtschaftszone erhält. In diesem Zeitraum müssen die rechtlichen Rahmenbedingungen mit den notwendigen Ausnahmen und Dispensen versehen werden, die unser Land in einem Sprung zu energiepolitischer Unabhängigkeit und einem entsprechenden klimapolitischen Fortschritt bringen. Da viele der in Deutschland geltenden Regelungen auch europarechtlich vorbestimmt sind, wird ein solches Projekt nur in enger Abstimmung mit den europäischen Organen zu verwirklichen sein. Dies erscheint machbar, weil sich die Situation und die Notwendigkeiten in Deutschland von denen der meisten übrigen Länder der Europäischen Union nicht wesentlich unterscheiden. Nicht zuletzt ist der »Green Deal« ein europäisches Projekt. Es ist eine gesamteuropäische Aufgabe, angesichts der Erfahrungen des Krieges und seiner

Bedrohung für Frieden und Freiheit, die rechtlichen Rahmenbedingungen zu setzen, die unsere politische Unabhängigkeit und politische Handlungsfähigkeit erfordern. In einem solchen Projekt läge gerade auch klimapolitisch eine große globale Chance.

Wir müssen uns dabei immer wieder bewusst machen, worauf es gerade im Falle von Deutschland in der Klimapolitik besonders ankommt. Es geht bei Weitem nicht nur um den mit zwei Prozent relativ geringen Anteil der deutschen CO_2-Emissionen an den globalen Emissionen. Selbstverständlich wollen und müssen auch wir klimaneutral werden. Aber der eigentliche Beitrag, den zu erbringen unser Land prädestiniert ist, ist ein anderer. Wir müssen Klimapolitik in Deutschland so gestalten, dass andere Staaten, vor allem die großen Emittenten, uns freiwillig folgen. Sie werden es tun, wenn wir erfolgreich sind. Sie werden es dann tun, wenn wir Deutsche den Beweis erbringen, dass die Klimatransformation der Wirtschaft und der Energieversorgung ein ökonomisches Erfolgskonzept darstellt. Wir müssen zeigen, dass klimaneutrales Wirtschaften und wirtschaftliches Wachstum sich nicht ausschließen, sondern sich vielmehr bedingen. Das ist eine enorme Verantwortung für Deutschland.

Wenn wir wirtschaftlich scheitern würden, wäre dies ein klimapolitischer Rückschritt für die ganze Welt. Wenn es Deutschland in überschaubarer Zeit gelingt, seine Klimatransformation zu einem wirtschaftlichen Erfolgsmodell zu machen, wäre dies das deutsche Wirtschaftswunder in unserem Jahrhundert. Aber es wäre, ganz nüchtern gesprochen, eben gleichzeitig etwas anderes: Ein Beitrag dazu, dass der Zerstörung der menschlichen Lebensbedingungen auf unserem Planeten durch den Menschen Einhalt geboten wird.

Diese existenziell wichtige Aufgabe müssen wir zu einem zentralen Element unserer Außenpolitik machen und auf der Basis einer aktiven Klimaaußenpolitik die Klimatransformation dorthin tragen, wo die CO_2-Emissionen nicht sinken, sondern weiter steigen. Hier sind auch nach wie vor in erheblichem Umfang die »tiefhängenden Früchte« zu ernten und kurzfristig mit relativ geringem Mitteleinsatz deutliche Emissionsminderungen zu erreichen. Hier besteht die große Chance, noch in einem frühen Stadium ganze Volkswirtschaften auf einen klimaverträglichen Pfad zu führen. Ich bin darum überzeugt, dass wir in Deutschland und der EU das Verhältnis der Aufmerksamkeit und Aufwendungen für unsere interne Klimapolitik einerseits und der für unsere internationale Klimapolitik andererseits neu justieren müssen. Manchmal vergessen wir, dass der Klimawandel ein globales Phänomen ist und der Erfolg entweder global oder gar nicht ist.

Klimaaußenpolitik zu begründen und zu betreiben, ist eine der großen transatlantischen Chancen unserer Zeit. Präsident Joe Biden, sein Klimaaußenbeauftragter John Kerry sowie die gesamte Administration sehen sich der nationalen wie internationalen Klimapolitik wirklich verpflichtet. Sie erkennen die Dringlichkeit und wollen etwas erreichen. Ich habe mir davon in zahlreichen Gesprächen selbst ein Bild machen können. Wenn es gelänge, unsere beiden großen Binnenmärkte im Innern, in den Standards und in der Regulierung sowie nach außen klimapolitisch in eine Richtung zu entwickeln, wäre das eine Chance für die Welt und das Weltklima. Es wäre auch eine große Chance für das »transatlantische Klima«. Aus der Vergangenheit des Kalten Krieges kommend, den junge Menschen, wenn überhaupt, nur aus dem Geschichtsbuch kennen, und vor dem Hintergrund der Gegenwart, die durch den schrecklichen Krieg Russlands gegen die Ukraine geprägt wird, wäre dies eine neue Sinnstiftung für die Zukunft der transatlantischen Partnerschaft. Es wäre ein Beweis, dass diese Partnerschaft auch in Zukunft existenziell bleibt.

V.
DIE POLITIK DES JETZT – UND DIE PFLICHT DER BABYBOOMER

Der Krieg Putins in der Ukraine bildet einen historischen Bruch. Die Entwicklung Europas und der Welt wird nun einen anderen Verlauf nehmen. Die Wirklichkeit ist ebenso verändert wie unser Bewusstsein. Wir sehen nun anders auf unser Europa. Wir wissen nun, dass Europa viel mehr ist als das uns vertraute Westeuropa. Wir betrachten Gegenwart und Zukunft, vor allem uns selbst, mit anderen Augen.

Dieser bewusstseinsverändernde Krieg verbindet sich mit den anderen existenziellen Herausforderungen, die schon vorher da waren und geblieben sind. Was sich nicht verändert hat, ist, dass wir eigentlich über alles gut Bescheid wissen. So, wie wir auch gut Bescheid wissen konnten über die realen Gefahren, die sich mit Putins seit Jahren betriebener aggressiver Außenpolitik verbunden haben. Aber alles schien wie hinter einem Schleier der Verdrängung, der Beschönigung oder auch der bewussten Verwirrung und Falschinformation. Putins unverhohlener Angriffskrieg auf die Ukraine hat einen Moment der Klarheit und ein Momentum der Politik erzeugt. Beides müssen wir bewahren: die Klarheit ebenso wie die an den Herausforderungen orientierte Veränderungsbereitschaft – wenn wir die uns wehrlos machende und demokratische Politik delegitimierende Hilflosigkeit überwinden wollen. Darum ist es so wichtig, dass wir uns der Gefahr bewusst sind, die in der Dauerhaftigkeit von Krieg, Konflikten und permanenten Veränderungsnotwendigkeiten liegt, nämlich, dass wir wieder zurückfallen in die alten Muster der Verdrängung.

Der Paradigmenwechsel in der deutschen Politik muss eine Politik des *Jetzt* sein in der Abkehr von einer Politik des Abwartens und Vertagens.

Der Krieg in der Ukraine muss *jetzt* beendet werden.

Wir müssen *jetzt* dafür sorgen, dass die historische Erfahrung am Ende dieses Krieges sein wird, dass sich Krieg für den Aggressor nicht lohnt. Darum müssen wir uns hüten vor den Stimmen, die schon wieder zu hören sind und mit der alten Naivität und Beschönigung argumentieren. Manche fordern bereits Kompromisse, die es »zwischen Krieg führenden Staaten« geben müsse. In diesen Argumenten vermischen sich Unwahrheit und Unbelehrbarkeit. Es ist eine Unwahrheit, von Russland und der Ukraine als »miteinander Krieg führenden Parteien« zu sprechen. Es ist ausschließlich und allein Russland, das die Ukraine mit einem Angriffskrieg überfallen hat. Und welche tragfähigen Kompromisse können gefunden werden als Belohnung für die Anwendung von Krieg und Kriegsverbrechen zur Erreichung politischer Ziele? Wie lange würde der Kompromiss halten? Bis Putin sich das nächste Mal besser vorbereitet hätte?

Das Beispiel dieses Krieges wird Schule machen. So oder so. Wenn der Westen gestattet, dass dieser Krieg sich auch nur ein bisschen lohnt, dann wird genau das die schreckliche Lehre sein, die sich andere abschauen werden. Verhandlungen kann es nur zwischen den beiden

Präsidenten von Russland und der Ukraine geben. Weder die EU noch der Westen haben ein Recht, der Ukraine irgendetwas aufzuzwingen, was von der Ukraine selbst abgelehnt wird. Die Ukraine hat ein uneingeschränktes Recht auf Integrität und Achtung ihrer Souveränität. Alle faulen Kompromisse werden sich bitter rächen.

Die Politik des *Jetzt* gilt aber auch im Hinblick auf alle anderen existenziellen Herausforderungen. Sie führt zu einer extremen Anforderung der Gleichzeitigkeit an die Politik Deutschlands, Europas und des Westens. Das ist eine völlig neue Dimension von Politik, die an die Grenze der Überforderung dessen geht, was Menschen zu leisten vermögen. Aber es gibt kein Entrinnen. Denn die Gleichzeitigkeit der Herausforderungen, mit denen wir konfrontiert sind, liegt in der Wirklichkeit begründet, in der wir leben. An jeder Stelle, an der wir glauben, uns weitere Verzögerungen leisten zu können, wird mit einiger zeitlicher Verzögerung die Rechnung umso höher ausfallen, die uns gestellt wird.

Die notwendige Politik des *Jetzt*, die alles gleichzeitig angehen muss, betrifft uns alle, und sie ist in unseren demokratisch verfassten Staaten auf die Akzeptanz und Unterstützung der Mehrheit angewiesen. Davor brauchen und dürfen Politiker keine Angst haben. Die große Mehrheit unseres Volkes hat sich in der Pandemie wie in der Reaktion auf den Krieg Russlands vernünftig und verantwortlich gezeigt. Aus der Ernsthaftigkeit der Lage abgeleiteten Argumenten wird zugehört, einer darauf gründenden Politik Vertrauen entgegengebracht.

Ich betrachte es als besondere Pflicht der Generation der Babyboomer, meiner Generation, diesen Richtungswechsel unseres großen, schwerfälligen Tankers Deutschland zu vollziehen. Wir dürfen den nachfolgenden Generationen nicht ein Gebirge ungelöster Probleme zurücklassen.

Wir, die Babyboomer, sind die Generation, die in bislang einzigartiger Weise von den wirtschaftlichen und politischen Aufbauleistungen unserer Vorfahren profitiert hat. Die Babyboomer haben viel Wohlstand, ein Höchstmaß an politischer Stabilität und an innerer Ausgeglichenheit und Fairness geerbt. Ja, sicher, wir sind immer noch ein außerordentlich wohlhabendes Land, eine stabile Demokratie, und wir sind hoch angesehen in der Welt. Aber es hat sich doch etwas verändert, was zentral in die Verantwortung unserer Generation fällt: Verändert hat sich die Richtung der Entwicklung, und wir haben es viel zu sehr laufen lassen, anstatt den Kurs zu korrigieren.

Es fängt bei der Demographie an, die wir Babyboomer dem Sozialstaat in Deutschland hinterlassen. Wir sind sehr viele, und unsere Kinder sind wenige.

Wirtschaftlich leben wir überproportional von dem bisher Erreichten. Unsere Innovationskraft und Produktivität heute reichen nicht aus, um den Wohlstand zu sichern. Vor allem in den digitalen Schlüsseltechnologien sind wir auf dem Weg, den Anschluss zu verlieren – mit allen Konsequenzen. Aber auch in dem schlichten Ausbau der digitalen Infrastruktur hängen wir zurück.

In den vergangenen 20 Jahren gab es immer wieder Phasen, in denen der Ausbau der erneuerbaren Energien und aktive Klimapolitik betrieben wurden, aber dann wurde es auch wieder jahrelang vergessen.

Unsere Bundeswehr ist unterfinanziert und in wesentlichen Teilen nicht einsatzfähig. Europa ist in einer Zeit, in der Einigkeit und Handlungsfähigkeit so notwendig sind wie selten zuvor, im Zustand der Paralyse.

Auf die USA, deren Präsident schon einmal Donald Trump hieß und möglicherweise nach den nächsten Wahlen wieder Donald Trump heißen kann, fehlt uns noch immer eine strategische Antwort.

Mit der Herausforderung, die China auf allen Ebenen für uns darstellt, haben wir noch gar nicht begonnen, uns systematisch auseinanderzusetzen.

Für nichts ist es zu spät. Aber nirgendwo bleibt mehr viel Zeit.

Es ist moralisch und politisch ausgeschlossen, dass wir, die Generation der Babyboomer, alle diese Fragen und Herausforderungen als einen immer weiterwachsenden und ungelösten Berg der Hilflosigkeit an unsere Kinder und Enkelkinder übergeben. Das dürfen wir uns nicht leisten.

Wir, die Babyboomer, sind es, die *jetzt* gefordert sind.

Wir müssen Deutschland aus seiner Hilflosigkeit befreien.

Es ist unsere verdammte Pflicht.